Dieses Buch widme ich der Lewitz, den Anwohnern und Gästen des Lewitzgebietes und allen, die diese „Naturperle“ lieben und schätzen.

Für Elke

Eisvogel auf dem Ansitz (Männchen)

Ralf Ottmann

Europäisches Vogelschutzgebiet Lewitz

{ Naturperle in Mecklenburg }

Eine kleine Zeitreise vom Damals zum Heute

**Herzlich willkommen
im Europäischen Vogelschutzgebiet
Lewitz**

Hier im Südwesten des Bundeslandes Mecklenburg-Vorpommern liegt eine Naturperle, die unter der Bezeichnung „Lewitz" bekannt wurde. In dieser historisch gewachsenen Kulturlandschaft befindet sich auch das „Europäische Vogelschutzgebiet Lewitz", das aus unendlich weiten Wiesenflächen, artenreichen Wäldern und beeindruckenden Fischteichen besteht. Mit diesem Buch möchte ich Sie herzlich einladen, diese einzigartige mecklenburgische Naturperle kennenzulernen. Lassen Sie uns gemeinsam die Natur durchstreifen und imposante Vogelschwärme, balzende Seeadler und schneeweiße Silberreiher beobachten. Entdecken Sie mit mir zusammen von Nebelschwaden durchströmte Wiesenflächen, knorrige Baumriesen und idyllisch gelegene Städte und Dörfer.

Dieses Buch bietet jedoch weit mehr als eindrucksvolle Fotos oder aktuelles Text- und Kartenmaterial. Vielmehr möchte ich Ihnen historische Begebenheiten, interessante Radwanderrouten und zahlreiche Veranstaltungstipps aufzeigen. Ich wünsche Ihnen nun viel Freude beim Lesen und viele angenehme Entdeckungen und Begegnungen in der Natur.

Ralf Ottmann

Inhalt

Die Lewitz auf der Schmettauschen Karte um 1786

Die Veröffentlichung von Ausschnitten der Schmettauschen Karte aus dem Jahre 1786 erfolgt mit Genehmigung des Landesamtes für Kultur und Denkmalpflege –Landeshauptarchiv Schwerin– vom 01. April 2011, Az: F 484/2011.

Das unentdeckte Land

Schon als Kind faszinierte mich die Lewitz, die direkt vor meiner Haustür lag. Mit zunehmendem Alter steigerte sich mein Wunsch, mehr über dieses Gebiet zu erfahren und die hier lebende Vogelwelt intensiv kennenzulernen. Dieses Ziel verfestigte sich, als ich erstmalig das Nest einer Beutelmeise entdeckte, was in mir wahre Glücksgefühle auslöste.

In den 1990er Jahren entdeckte ich einen Artikel von F. Lindner, den er bereits im Jahre1904 für ein ornithologisches Jahrbuch verfasst hatte. Meine Neugierde wuchs, als ich hier mit großem Interesse las, dass die Lewitz eines der bedeutendsten Brut- und Rastgebiete für Sumpf- und Watvögel im damaligen Deutschen Reich war. Vogelarten, wie die schwarzschwänzigen Limosen (Uferschnepfen), Großen Brachvögel, Kampfhähne (Kampfläufer), Bekassinen, Rotschenkel, Dunkle Wasserläufer und Kiebitze, waren hier fast überall anzutreffen und gehörten zu den Charaktervogelarten der Lewitz. Ebenso berichtete er vom Schwarzen Storch (Schwarzstorch), der in der Waldlewitz auf hohen, alten Stieleichen brütete.

Bereits zu Beginn des 20. Jahrhunderts suchten Vogelkundler aus ganz Deutschland das Abenteuer und fuhren mit der Eisenbahn nach Neustadt-Glewe. Von hier aus ging es dann in das „unentdeckte Land", um sich auf Schusters Rappen einem einzigartigen Naturschauspiel hinzugeben. Zum Glück gab es in dieser Zeit einige Visionäre, die es als absolute Notwendigkeit ansahen, die Lewitz zum Naturschutzgebiet erklären zu lassen. 1938 ging dieser Traum einiger engagierter Förster, Vogelkundler und Heimatfreunde in Erfüllung. Auf Grundlage des Reichsnaturschutzgesetzes wurde „Die Verordnung zum Naturschutzgebiet Die Lewitz in Mecklenburg in den Kreisen Ludwigslust, Parchim und Schwerin" erlassen. 7137 ha der Lewitzlandschaft waren von nun an Naturschutzgebiet. Was für ein großartiger Erfolg!

Für die Natur brachte diese Entscheidung sichtbare Fortschritte. Den hier lebenden Menschen verhalf das jedoch nicht zu verbesserten Lebensbedingungen. Deshalb mussten die Kinder der Lewitzbauern weiter fleißig Kiebitzeier sammeln, um etwas zum Familienunterhalt beizutragen. Kiebitze waren trotzdem überall häufig zu beobachten und zu hören. Das änderte sich erst nach 1958, als die Wiesen großflächig entwässert und die Moore trockengelegt wurden. Was gut gemeint war, endete für viele Vogel- und Pflanzenarten in einem Desaster. Doch wiederum waren es Vogelfreunde, Förster und andere Naturschützer, die offensichtliche Fehlentwicklungen ansprachen und einen verbesserten Schutz von Natur und Landschaft forderten.

So meldete 1992 das Bundesland Mecklenburg-Vorpommern über das Bundesumweltministerium 15890 ha der Lewitz als Europäisches Vogelschutzgebiet an die Europäische Union. In diesem Schutzgebiet sind der größte Teil der Wiesenlewitz, das Naturschutzgebiet Fischteiche und ein Teil der Waldlewitz eingegliedert. Das Europäische Vogelschutzgebiet Lewitz umfasst heute 16470 ha. Probleme wie der wachsende Mais- und Rapsanbau sowie der Umbruch wertvoller Wiesenflächen blieben auch diesem ehemaligen Niedermoorgebiet leider nicht erspart. Trotz einiger Fehlentwicklungen konnten wichtige Lebensräume erhalten werden. Hier existieren und gedeihen bis heute zahlreiche Tier- und Pflanzenarten, die in Deutschland und in Europa einen hohen Schutzstatus besitzen. Um die Natur und Landschaft der Lewitz auch zukünftig schützen, erhalten und wiederherstellen zu können, ist die Einrichtung eines „Naturparkes Lewitz" eine existenzielle Notwendigkeit. Dazu gibt es meiner Meinung nach keine Alternative.

In diesem Buch werde ich über die beeindruckende Natur berichten, über historische Begebenheiten erzählen und einen tieferen Einblick in die Entwicklung der Städte und Dörfer geben. Abgerundet wird das Ganze von interessanten Ausflugs- und Veranstaltungstipps.

Anemonenteppich in der Waldlewitz bei Friedrichsmoor

Die Waldlewitz – *Jäger, Hirsche, grüne Dächer*

Vor 10000 Jahren überzog das gesamte Lewitzgebiet ein undurchdringlicher, sumpfiger Urwald. Vorherrschende Baumarten waren Erle sowie Moor- und Sandbirke. Stiel-Eiche und Buche wuchsen nur auf höher gelegenen Flächen. Im Lewitzwald lebten Wildarten wie Elch, Bär, Wolf, Luchs, Wisent und Biber. Hinzu kamen Rot-, Schwarz- und Rehwild. Alte Forstbezeichnungen wie „Hirschtanz, Katthorst, Barenhorst, Barenhall und Wulfshorst" belegen diesen Wildreichtum.

Der Mensch begann hier bereits im 12. Jahrhundert Waldflächen zu roden. Das geschlagene Holz konnte nur auf den Flüssen Elde und Stör geflößt und so zu den Bestimmungsorten transportiert werden. Im 16. Jahrhundert entstand entlang der Elde eine bemerkenswerte Kleinindustrie. Für diese Manufakturen benötigte man Unmengen Holz. Auch die Gewinnung weiterer Weide- und Ackerflächen und die Nutzung umfangreicher Hutungsrechte[1] förderten den Rückgang des Waldes. So entstanden eine weite, sumpfige Wiesenlandschaft und die ersten größeren Ackerflächen. Darauf wurden bereits im 17. Jahrhundert Roggen, Hafer, Buchweizen, Gerste sowie ab 1770 Kartoffeln angebaut.

Die Wundereiche in Friedrichsmoor um 1915 – Archiv: Landesforstamt Friedrichsmoor

Aus Bruchwald wird Nutzwald

Ab dem 17. Jahrhundert gruben leibeigene Bauern, Knechte und Tagelöhner die ersten Holzflößgräben aus dem feuchten, schweren Waldboden. Durch den maßlosen Raubbau am Wald war nur noch ein kläglicher Waldrest vorhanden. Um diese kleinen Waldflächen und die einstige herzogliche Wildkammer zu erhalten, verhängte Herzog FRIEDRICH VON MECKLENBURG[2] um 1777 ein Einschlagverbot.

Mit dem Schwinden des Waldes ging auch der Wildbestand zurück. Um den Rückgang zu stoppen und den Wald wieder zu mehren, wurde von 1820 bis 1860 eine intensive Aufforstung mit Roterle praktiziert. Weitere Aufforstungsmaßnahmen folgten und führten letztendlich zu einer planmäßigen Wiederbewaldung. Bereits um 1833 lebten im Lewitzwald ca. 3000 Stück Rotwild. 1865 war der übrige Wildbestand stark angewachsen, so dass die Bauern ihre am Wald liegenden Felder mit einem Wildschutzzaun schützen mussten. Mancherorts wurden sogar Wildwächter beschäftigt. Über jagende Wölfe mussten sich die Bauern schon längst keine Gedanken mehr machen, denn der letzte Wolf war bereits 1827 bei Sukow erlegt worden.

Noch bis in das 19. Jahrhundert hinein überfluteten die Flüsse Elde und Stör die Waldlewitz und die angrenzende Niederung. Dieser Zustand wird recht deutlich von den Naturforschern FROMM und STRUCK geschildert, die 1866 die Lewitz durchquerten und erforschten: Sie beschrieben das Gebiet „als ein schlangen- und wasserreiches, sehr schwer zugängliches, von Flüssen, Kanälen und Gräben durchzogenes Sumpf-, Bruch- und Waldgebiet, voller undurchdringlicher Sümpfe. Jäger mussten deshalb oftmals das geschossene Wild schwimmend bzw. in Kähnen zum Jagdschloss Friedrichsmoor transportieren".

Die Entwicklung einer nachhaltigen Forstwirtschaft und des Naturschutzes in der Lewitz ist untrennbar mit dem Oberforstmeister KLAUS-CHRISTOPH RUDOLF PETERSON[3], dem Forstmeister FREIHERR TRAUGOTT VON MALTZAHN[4] sowie mit dem Landesnaturschutzbeauftragten und Oberforstmeister GEORG VON ARNSWALDT[5] verbunden. Diese Persönlichkeiten haben damals den Grundstock dafür gelegt, dass gegenwärtig wieder über 4000 ha Wald vorhanden sind.

Der Lewitzwald ist ein bedeutender Lebens-, Erholungs- und Wirtschaftsraum. Gemäß den Zielen, die PETERSON, VON MALTZAHN und VON ARNSWALDT formulierten und praktizierten, lässt der heutige Friedrichsmoorsche Forstamtsleiter CHRISTIAN LANGE reine Fichten- und Lärchenbestände zu einem artenreichen Misch- und Laubwald umbauen.

Schwarzkittel – häufige Wildtierart in der Waldlewitz

Überläufer

Keiler mit Gewaff

1 Als Hutung bezeichnet man Flächen, auf denen Schweine und Ziegen gehütet wurden.

2 Herzog Friedrich der Fromme lebte von 1717 bis 1785 und regierte als Herzog von 1756 bis 1785.

3 Oberforstmeister Klaus-Christoph Rudolf Peterson lebte von 1829 bis 1901.

4 Forstmeister Freiherr Traugott von Maltzahn führte das Forstamt Friedrichsmoor von 1902 bis 1933.

5 Oberforstmeister Georg von Arnswaldt lebte von 1866-1952.

Ein grünes Paradies voller Leben

Insbesondere im Naturschutzgebiet „Friedrichsmoor“ finden zahlreiche Tier- und Pflanzenarten Brut-, Nahrungs- und Lebensraum. Das 155 ha große Schutzgebiet wird durch zwei große Laubwaldkomplexe dominiert. Diese „Grüne Lunge“ setzt sich aus Erlen-Eschenwald, Traubenkirschen-Eschenwald, Stieleichen-Buchenwald sowie aus Stieleichen-Birkenwald zusammen. Die Bodenvegetation ist vielschichtig und besteht u. a. aus Wechselblättrigem Milzkraut, Wald-Gelbstern, Bingel- und Moschuskraut sowie Maiglöckchen. Im Frühjahr bedecken große Bestände der Weißen Anemone[1] und des Scharbockskrautes den Waldboden und lassen ihn märchenhaft schön aussehen.

Herbst-Mosaikjungfer

Über 40 Brutvogelarten nisten in Laub- und Mischwaldbeständen. Häufig zu hören sind Waldlaubsänger, Singdrosseln, Rotkehlchen, Mönchsgrasmücken und Sumpfmeisen. Auch der Gesang des scheuen und farbenprächtigen Pirols kann im Wald ausgiebig verfolgt werden. Zu den regelmäßigen Brutvögeln zählen Arten wie die Waldschnepfe, der Sperber, der Habicht, der Mäusebussard, der Zwergschnäpper, die Hohltaube und der Waldkauz.

Die Waldlewitz bietet zwei Seeadlerpaaren und einigen Kranichpaaren Lebens- und Brutraum. Die positive Entwicklung des Kranichbestandes führte auch zu einer Erst- bzw. Wiederbesiedlung verschiedener Waldbereiche. Einige dieser scheuen Vögel bleiben mittlerweile ganzjährig im Gebiet. An den Fließgewässern des Waldes brüten farbenprächtige Eisvögel. In den überwiegend naturnahen Waldarealen sind alle in Mecklenburg-Vorpommern vorkommenden Spechtarten heimisch. Hervorzuheben ist hier der seltene Mittelspecht, der zunehmend im Mischwald beobachtet werden kann.

Neben der mannigfaltigen Vogelwelt existiert im Lewitzwald ein reicher Wildbestand. Dazu gehören Rot-, Dam-, Reh- und Schwarzwild. Weitere Säugetiere sind der Rotfuchs, der Baum- und Steinmarder, der Iltis, der Feldhase, der Fischotter, die Nordische Wühlmaus sowie die Braune Langohrfledermaus.

Im sumpfigen Bruchwald leben der Moorfrosch, die Wechselkröte, die Erdkröte, die Ringelnatter, die Wald- und Zauneidechse sowie die Gefaltete Schließmundschnecke. Ein weiterer interessanter Naturbestandteil ist die Insektenwelt. Neben den häufig vorkommenden Arten wie die Herbst-Mosaikjungfer, die Frühe Adonislibelle, der Aurora-, Brombeer- und Landkärtchenfalter wiesen Insektenforscher auch den Balkenschröter und den Rohrbohrer nach.

Ebenso imposant präsentiert sich die Pilzwelt. Echter Zunderschwamm, Birkenporling, Sommer-Steinpilz, Klapperschwamm, Schmarotzer-Röhrling, Ziegenlippe und Trameten existieren in artenreichen Altholzbeständen. Im Naturschutzgebiet „Friedrichsmoor“ wachsen dazu noch die begehrten Mykorrhiza-Pilze, wie Pfifferlinge, Steinpilze, Rotkappen, Rotfußröhrlinge und der Mai-Ritterling. Sie dürfen im Naturschutzgebiet nicht gesammelt werden und bleiben den Tieren vorbehalten. Der Naturreichtum im heutigen Lewitzwald macht Fotoexkursionen, Wanderungen und Radtouren zu einem unvergesslichen Naturerlebnis.

1 Die Anemone wird auch als Busch-Windröschen bezeichnet.

Steilhang mit Buchenbestockung in Bahlenhüschen

Wald-Gelbstern

Violettes Busch-Windröschen

Zwergfledermaus

Gebirgsstelze

Zauneidechse

Frühjahrsstimmung an der Eichenreihe am Breiten Graben

Die Eichenreihe am Breiten Graben

Genau im Zentrum des Vogelschutzgebietes Lewitz liegt Friedrichsmoor. Es gehört heute zum Amt Neustadt-Glewe und ist die einzige Ansiedlung im Kernbereich dieser Niederungslandschaft.

Nach dem Ausbau und der Begradigung der Flüsse Elde und Stör wurde im 18. und 19. Jahrhundert das Gewässernetz in der Lewitz umfassend erweitert. So entstanden die künstlichen Fließgewässer wie Klinker Kanal, Drellen Graben, Brenzer Kanal, Banzkower Kanal, Ludwigsluster Kanal und auch der Breite Graben.

Mecklenburgs Herzog FRIEDRICH FRANZ I.[1] hatte um 1790 den Auftrag erteilt, rechts vom Breiten Graben eine Baumreihe zu pflanzen. Diese eindrucksvolle Anpflanzung setzt sich aus Stiel-Eichen zusammen und sollte die Sichtachse vom neuen barocken Jagdschloss aus in Richtung des Störkanals und der dortigen Kreuzbrücke verstärken.

Mit der Kreuzbrücke schuf man einen Übergang über den Störkanal, um zum Forsthof und Dorf Bahlenhüschen zu gelangen. Sie bestand zuerst aus Eichenholz, wurde später durch eine Eisenkonstruktion ersetzt und 1945 demontiert. An der Kreuzbrücke entstand ein sogenannter „Jagdstern"[2], der aus mehreren Schneisen bestand. Jagdsterne wurden vor allem auch mit dem Ziel angelegt, hier der Parforcejagd nachzugehen.

Sowohl der Störkanal als auch der Breite Graben waren damals wichtige Wasserwege. Auf diesen schmalen, flachen Fließgewässern transportierte man umfangreiche Holzmengen in wichtige mecklenburgische Residenzstädte oder bis in die 100 km entfernte Hansestadt Hamburg.

Zwischen der Eichenreihe und dem Breiten Graben verläuft heute ein reizvoller Rad- und Wanderweg. Auf diesem Landweg lassen sich diese besondere Eichenreihe und die Waldlewitz hautnah erleben. Außerdem führt dieser Weg am Störkanal entlang, damit Radwanderer in die nördlich gelegenen Lewitzdörfer oder nach Schwerin fahren können. Am Ende des Radweges mündet die Stör in den Schweriner See. Hier gelangt man über den sogenannten „Franzosenweg" direkt zum Schweriner Schloss und in das Zentrum der Landeshauptstadt von Mecklenburg-Vorpommern.

1 Herzog Friedrich Franz I. lebte von 1756 bis 1837.

2 Jagdsterne bestehen aus mehreren ausgeholzten Schneisen, die von einem zentralen Punkt aus strahlenförmig in den Wald hinein verlaufen.

Herbststimmung an der Eichenreihe am Breiten Graben

Buchenaltholz mit Zunderschwamm im Naturwaldreservat NSG Friedrichsmoor

Der Kleiber – Spechtmeise mit hartem Schnabel

Alt- und Jungvogel

Der Mittelspecht

Mit einer Körperlänge von nur 19,5 bis 22 cm zählt der Mittelspecht zu den Kleinspechtarten. Sein rundlicher Kopf, der rot gefärbte Scheitel, der kurze Schnabel und die schwärzlich gestrichelte Brust machen sein markantes Äußeres aus. Lebensraum dieser Spechtart sind die artenreichen Laubwälder Mitteleuropas. Hier werden vor allem Eichen-Hainbuchen-Wälder bevorzugt. Jedoch existiert er auch in extensiv genutzten Obstgärten oder größeren Parks mit altem Eichenbestand.

Bereits im Januar trägt der Mittelspecht seinen Reviergesang vor. Dieser klingt in etwa „gähk gähk gähk" oder „kliäh kliäh". Die Nisthöhle wird in Pappeln, Weiden, Erlen oder in Birken angelegt. Dabei werden Höhen zwischen fünf und zehn Metern bevorzugt. In Ausnahmefällen können sich Mittelspechthöhlen in Bodennähe befinden. Das Weibchen legt ab Ende April 5 bis 7 glänzend weiße Eier. Im Unterschied zum Schwarzspecht „zimmert" der Mittelspecht ein rundes Einflugloch in den vorhandenen Nistbaum. Die verlassene Nisthöhle nutzen auch gerne der Kleiber oder der Siebenschläfer als Nachmieter. Der Kleiber[1] ist es auch, der vor dem Nestbau das Einflugloch verkleinert, indem er es sozusagen am Lochrand „zuklebt".

Das Nahrungsspektrum des Mittelspechtes ist der Jahreszeit entsprechend. Im Sommer sind es überwiegend Insekten sowie Kirschen, Pflaumen und Beeren. Eicheln, Nüsse und Bucheckern werden stattdessen gerne im Herbst gefressen. Neben Kleintieren bereichern auch fettreiches, salzfreies Wildvogelfutter sowie Sonnenblumenkerne, die in der Winterfütterung bereitgestellt werden, seine Nahrung.

Sowohl in der Waldlewitz als auch im Landschaftsschutzgebiet Ludwigsluster Schlosspark ist diese sehr nützliche Spechtart recht häufig zu beobachten.

---

1 Im Volksmund wird der Kleiber auch als „Spechtmeise" bezeichnet.

Jungvogel

Altvogel

Der Schwarzspecht

Der Schwarzspecht gehört in Mitteleuropa zu den Großspechten. Er stellt mit seiner außergewöhnlichen Körperlänge von 40 cm den größten Vertreter seiner Gattung in unseren Breiten dar. Mit einem Körpergewicht von 290 bis 315 g ist der „Zimmerer des Waldes" weit schwerer als der Grün- und Grauspecht. Seinen Namen erhielt der Schwarzspecht durch sein markantes schwarzes Gefieder.

Unterscheidungsmerkmale zwischen Männchen und Weibchen sind das größere Erscheinungsbild des Weibchens sowie der durchgehend rot gefärbte Scheitel des Männchens. Besonders in kernfaulen Kiefern oder Buchen meißelt diese Spechtart ihre große Nesthöhle. Im Gegensatz zum Buntspecht und anderen Spechtarten ist das Einflugloch jedoch nicht rund, sondern oval.

Erst Ende April legt das Weibchen etwa drei bis fünf glänzend weiße, birnenförmige Eier ins Nest. Als standorttreue Vogelart suchen Schwarzspechte überwiegend im Frühjahr die gleiche Nisthöhle wie im Vorjahr auf. Als sehr große und aufmerksame Vogelart benötigen Schwarzspechte größere Waldgebiete mit vorhandenem Mischwaldanteil aus Buchen und Kiefern.

Sein markanter, auffälliger Ruf, in etwa „krikrikrikri" oder „glük, glük, glük" bzw. „kliöh", ist vor allem in der Brutzeit kilometerweit zu hören. Zu seiner Nahrung zählen die große Waldameise und Larven aller Art. In der Waldlewitz kommen neben dem Schwarzspecht auch andere Großspechtarten wie Grünspecht und Grauspecht vor. Um den Brutbestand der Großspechtarten und den Lebensraum Wald positiv zu fördern, lässt man heute alte, abgestorbene Brutbäume stehen. Diese wichtigen ökologischen Nischen werden ebenso von der Hohltaube, vom Baummarder und von der streng geschützten Hornisse als Brut- oder Schlafplatz genutzt.

Weibchen

Männchen

Der Specht

Wenn das erste Morgenlicht dämmert,
durch Baumäste es krachend schallt,
ein Frühארbeiter geräuschvoll hämmert,
durch den Wald es gespenstisch hallt.

Ein Vogel ist's, Mittelspecht genannt,
besitzt ein mehrfarbiges Federkleid,
trägt es als schwarz-weiß-rotes Gewand,
behält es ganzjährig – jederzeit.

Der Specht, der eindringlich hackt,
erforscht die Bäume, Schritt für Schritt,
seine Arbeitslaute im Trommeltakt,
gerne alte Eichen, die hart wie Granit.

Lässt wie ein Holzkünstler Späne fliegen,
wenn er baut ein neuartiges Baumlochhaus,
wird dabei auch Wurmspeisen kriegen,
die er eilig verspeist, als leckeren Schmaus.

Hören die Rindenbewohner seine Klopfer,
verkriechen sie sich in tiefe Scharten,
aber Maden und Käfer werden seine Opfer,
denn er vertilgt sie – alle Arten.

Seine Zunge, besonders zäh und lang,
zieht damit versteckte Leckerbissen rein,
holt die Beute aus Ritzen sehr rasant,
wird somit täglich ein Insektenfresser ein.

Vetter Schwarzspecht, ebenso bekannt,
in Wäldern und Altbäumen zu Haus,
sein Federkleid so edel schwarz elegant,
sieht mit roter Kappe bestechend gut aus.

Auch der Grünspecht ist hier genannt,
wird aus keinem Wald verbannt,
er sucht in Ameisenburgen mit seinem Schnabel,
die hervorragend lange Zunge – keine Fabel.

Unsere Spechte sind reizende Gesellen,
einmal im Jahr sie an Nachwuchs denken,
sie zu den entzückenden Vögeln zählen
und mit ihrem Dasein Freude schenken.

Grete Schicke

Der Baum

Wie großartig die freie Natur ist,
wissen die meisten Menschen nicht,
übersehen die Vielzahl von kleinen Dingen,
wie Kräuter, Steine oder knorrige Rinden.

Wenn ein alter Baum sich offenbart,
mit Stamm, Blättern und Blüten zart
und lässt hernach Tausende Früchte reifen,
dann enthüllt er seine glanzvollen Seiten.

Er sich damit Jahrzehnte kraftvoll präsentiert,
für alle den erholsamen Schatten spendiert,
dabei senden unzählige Blätter sanfte Töne,
leise vernehmbare Melodien – wunderschöne.

Wie ein Torero stolz, doch sehr charmant,
verschönt jeder Baum auffallend das Land
und ist als Ruheplatz jederzeit begehrt,
seine Schmuckkleider überaus lobenswert.

Wenn eine schwere Last dir auferlegt,
die Seele unaufhörlich müde daran trägt,
suche ein Baumplätzchen, – irgendwo,
die Ruhe macht dein Herz wieder froh.

Dem Baum wird es unauffällig gelingen,
dir Kraft, Eintracht und Frieden bringen
und wie ein goldener Sonnenschein,
dringt neue Freude in dein Inneres hinein.

Grete Schicke

Friedrichs Ort im Moor

Einer Erzählung nach hat der damalige mecklenburgische Herzog FRIEDRICH WILHELM I.[1] erfahren, dass in seinem Wald ca. 17 km nördlich der damaligen Residenzstadt Ludwigslust ein Köhler haust. Als er sich hoch zu Ross dorthin begab, fand er den Köhler schlafend in einer knorrigen, hohlen, uralten Eiche vor. Der Herzog weckte ihn und fragte den Köhler, wie denn sein Name wäre, worauf dieser antwortete, dass er Friedrich heiße. Da antwortete der sichtlich amüsierte Herzog schmunzelnd: „Na, da du so wie ich Friedrich heißest und im Moor wohnst, soll dieser Ort von nun an „Friedrichsmoor" genannt werden und ich will hier ein Schloss bauen lassen".

Die etwa tausendjährige „Wundereiche" besaß einen Umfang von immerhin 8,40 m. Ihre äußere Hülle stand noch bis 1918 in der Nähe des heutigen Jagdschlosses. Friedrichsmoor ist nachweislich die einzige Ansiedlung im Zentrum der einstmals sumpfigen Lewitzniederung. Folglich bestanden für die hier lebenden Menschen äußerst harte Lebensbedingungen. Diese unerbittlichen Lebensumstände ergaben sich aus einer feuchten, morastigen Umgebung. Noch heute spricht man von dem „kalten Fieber", dem viele Menschen zum Opfer fielen. Gott sei Dank gehören diese Ereignisse der Vergangenheit an. FRIEDRICH WILHELM I. würde heute seine Freude haben und sehen können, dass „sein Ort" zu einem beliebten Wohn- und Ausflugsziel geworden ist. Hier findet auch jedes Jahr im September das Holzfest statt, das von vielen begeisterten Menschen besucht wird.

Das Jagdschloss Friedrichsmoor

Herzog FRIEDRICH WILHELM I. hielt Wort und gab 1705 dem herzoglichen Architekten und Ingenieur-Captain JACOB REUTZ den Auftrag, an besagter Stelle ein Jagdhaus in „schwedischer Bauart" zu errichten. Dieses bestand vollends aus aufeinander gelegten Eichenbalken. Es war mit Holzschindeln gedeckt und mit einer bemalten Eichenschalung bekleidet. Ebenso wurde ein Kamin eingebaut. 1790 entschloss sich der mecklenburgische Herzog FRIEDRICH FRANZ I., das Jagdhaus abzureißen und für 6000 Reichstaler ein Jagdschloss bauen zu lassen. Mit dem Bau beauftragte er den sehr geachteten Baukonstrukteur HEINRICH VON SEYDEWITZ. Dieser ließ von 1791 bis 1794 einen dreiflügligen barocken Fachwerkbau errichten, der auf einem mit Fichtenzweigen ausgekleideten Sockelfundament stand. Das eichene Fachwerk wurde außen mit geputzten Backsteinen und innen mit Lehmziegeln ausgefüllt. Hinzu kamen meisterhaft gefertigte Holzfenster und Türen sowie ein handgefertigtes, mit gebrannten Tonziegeln gedecktes Kronendach.

Im Gartensaal des Jagdschlosses war eine gedruckte Bildtapete zu besichtigen, die 1815 nach Entwürfen von CHARLES VERNET bei Dufor in Paris angefertigt wurde. Ein wahres Kunstwerk. Diese aus der Zeit des französischen Kaisers NAPOLEON stammende Rarität ziert seit dem Frühjahr 2004 wieder die Wände des historischen Gartensaales.

Bis 1918 war das Gebäude im Besitz des mecklenburgischen Herzogs. Während der „DDR-Zeit" diente es seit 1957 als Unterkunft für Jugendliche. Später fand eine Nutzung durch den VEB Meliorationsbau Ludwigslust statt. 1999 kaufte die Neustädter Familie DETLEV STANG das unter Denkmalschutz stehende Gebäude von der Treuhand. Bereits zu Ostern 2000 war es wieder der Öffentlichkeit zugänglich. Seitdem steht es dem Naturfreund zum Verweilen und zum Übernachten ganzjährig zur Verfügung. Im Jagdschloss können auch Kinder ihre Reiterferien verbringen. Des Weiteren besteht die Möglichkeit, von dort aus mit mir zusammen Führungen durch die Waldlewitz zu unternehmen. Gemeinsam entdecken wir so viele Naturschätze und lernen die Tier- und Pflanzenwelt des Waldes ausführlich kennen.

1 Herzog Friedrich Wilhelm I. lebte von 1675 bis 1713 und regierte als Großherzog von 1692 bis 1713.

Jagdszene am Jagdschloss in Friedrichsmoor um 1900 – Gemälde des Malers von Stenglin – Archiv: Landesforstamt Friedrichsmoor

Feuershow am Jagdschloss

Frühjahrsstimmung am Jagdschloss Friedrichsmoor

Geführte Reitwanderungen durch die Waldlewitz

Winterzauber an der Friedrichsmoorschen Allee

Morgenstimmung über der Spornitzer Wiese

Das Wiesenland – *Vom Sumpfland zur Kulturlandschaft*

Bis zum 12. Jahrhundert war das Lewitzgebiet fast vollständig bewaldet. Aus den hier lebenden Jägern wurden sesshafte Bauern, die zuerst an den Flussufern der Stör und der Elde größere Waldflächen rodeten. Danach bauten sie ihre Siedlungen und schufen für sich Acker- und Wiesenland. Weitere Rodungen ließen den Urwald nach und nach schwinden. Das geschlagene Holz wurde damals sogar nach Hamburg geflößt, das 1284 durch einen verheerenden Stadtbrand zerstört worden war. Für den Wiederaufbau orderten die Hamburger Ratsherren Holz aus der Lewitz.

Ein Naturparadies mit Licht und Schatten

Mäharbeiten vor 1940 – Archiv: Heimatstube Matzlow-Garwitz

Wo einstmals Moorbirken standen und ausgedehnte Erlen- und Buchenwälder stockten, war bis 1750 eine weite, sumpfige Wiesenlandschaft entstanden. In diesem grünen, mit verkümmerten Erlenbüschen durchsetzten Feuchtgebiet dominierten dichte Pflanzensäume, bestehend aus Schilfrohr und Seggen. Die feuchte Niederung konnte nur eingeschränkt landwirtschaftlich genutzt werden. Ackerbau fand deshalb nur kleinflächig statt. Um von den Lewitzdörfern zu den weiter entfernten Wiesenflächen zu gelangen, mussten sich die Bauern entweder „auf Schusters Rappen“[1] oder auf Ochsenwagen, meist von zwei oder vier Zugtieren gezogen, fortbewegen. Die vorhandenen schmalen, oft mit Furchen durchzogenen Landwege waren nur eingeschränkt befahrbar, oft völlig aufgeweicht. Deshalb versanken oftmals die schweren, mit Metall beschlagenen hölzernen Wagen im tiefen Morast.

Für die Vogelwelt, insbesondere für Wiesenbrüter, herrschten jedoch paradiesische Lebensbedingungen. Es gab genug Brutraum für die Wiesenweihe, die Sumpfohreule, die Seeschwalben, den Kampfläufer, den Brachvogel, den Kiebitz, die Bekassine, die Uferschnepfe und den Rotschenkel. Ebenso siedelte sich hier eine artenreiche Pflanzenwelt an. Blumenreiche Wiesen, durchsetzt mit Sibirischer Schwertlilie, Wiesen-Alant, Kuhschelle und zahlreichen Orchideenarten waren ebenfalls keine Seltenheit.

Zwischen 1831 und 1836 ließen die herzoglichen Wasserbaumeister den Störkanal ausbauen sowie weitere Kanäle und Floßgräben anlegen. Das führte zu einer Entwässerung des angrenzenden Wiesenlandes. Bis 1836 ist so ein schachbrettartiges Kanalsystem entstanden. Da der Mensch zu Beginn des 19. Jahrhundert den Wasserstand nur unzureichend kontrollieren konnte, wurden die Lewitzwiesen kurzzeitig überflutet und dadurch gedüngt. Diese „Naturdüngung“ trug maßgeblich zur Steigerung der Ernteerträge bei. Gleichzeitig sind im Nordteil der Lewitz die ersten Sumpfflächen trockengelegt worden. Nun konnten die Bauern diese Niedermoorböden für den Anbau von Roggen, Hafer und Gerste nutzen. Dagegen sollte der südliche Lewitzteil auch weiterhin nur für die Heugewinnung genutzt werden. Neben der Heu- und Schilfrohrgewinnung spielte der Abbau von Torf und Raseneisenstein eine große Rolle. Um eine weitere Steigerung der Ernteerträge zu gewährleisten, richtete das herzogliche Amt die Lewitz-Wiesen-Verwaltung ein. So verwandelte sich ein Naturparadies in ein landwirtschaftlich extensiv genutztes Wiesenland. Die eigentliche Katastrophe jedoch begann erst Ende der 1950er Jahre.

1 Schusters Rappen steht für das Wort Schuhsohle, die der Schuster oder Schuhmacher aus Rinds- oder Schweineleder anfertigte.

Wiesenlewitz und Alte Elde am Eldedreieck

Vom Naturparadies zur Kulturlandschaft

Die Wiesenlewitz nach 1930

Archiv: Landkreis Ludwigslust – Foto: Schlünz

Zwischen 1934 und 1954 erfolgte die Aufteilung und Verpachtung der Lewitzwiesen. Um letztendlich in der gesamten Lewitzniederung eine intensive, auf Masse ausgerichtete Landwirtschaft betreiben zu können, wurde im „Arbeiter- und Bauernstaat DDR" das „Jugendobjekt Lewitz" ins Leben gerufen. In dieser gut gemeinten Initiative schufen bis zu 4000 Jugendliche mit Schaufel und Dränspaten ein ausgedehntes künstliches Entwässerungssystem. So meliorierten diese und andere „Aktivisten" von 1958 bis 1962 sowie von 1976 bis 1980 das Wiesenland großflächig. Dadurch gab es aber auch tiefgreifende negative Veränderungen in der Vogel-, Insekten- und Pflanzenwelt. Die tragischen Auswirkungen von Mechanisierung, Melioration[1] und Chemisierung waren bereits in den 1960er und 1980er Jahren deutlich zu sehen.

Auf den trockengelegten Wiesen fand eine intensive Beweidung mit großen Rinder- und Kuhherden statt. Bis zu 65000 Nutztiere hinterließen tiefe, sichtbare Wunden.

Ein „Opfer" der sozialistischen Landwirtschaft war auch das Naturschutzgebiet „Töpferberg". Es liegt im südlichen Teil der Wiesenlewitz, etwa 3 km nördlich von Neustadt-Glewe.

Noch in den 1940er Jahren wuchsen hier Glocken-Heide, Lungen-Enzian, Färberscharte, Geflecktes Knabenkraut, Arnika, Gemeine Kuhschelle und „das Juwel der Lewitz", die Sibirische Schwertlilie. Der Rückgang und letztendlich die Ausrottung dieser kostbaren Pflanzenvorkommen hätte verhindert werden können. Stattdessen hat man das NSG als Viehweide missbraucht und so einen Verstoß gegen das DDR-Naturschutzrecht bewusst in Kauf genommen. So wurden die letzten Pflanzenbestände regelrecht „zu Tode getrampelt". Diese und andere Missstände kritisierte auch der ehemalige in Friedrichsmoor tätige Dorfschullehrer, Naturschützer und engagierte Vogelkundler W. KAISER.

---

1 Als Melioration bezeichnet man die großflächige Entwässerung feuchter Wiesenflächen. Diese Entwässerung hat zum Rückgang bzw. zum Aussterben vieler seltener Pflanzen-, Insekten-, Amphibien- und Vogelarten geführt.

Sibirische Schwertlilie

Breitblättriges Knabenkraut

Lungen-Enzian

Eine Landschaft im Wandel

Nach 1990 gelang es, einige Wiesen wieder zu vernässen und für den Natur- und Vogelschutz zu erhalten. Die intensive Viehweidewirtschaft gehört nun der Vergangenheit an. Heute pflegen kleine, robuste Mutterkuh- und Pferdeherden das Wiesenland. Auf feuchten Wiesen wachsen die Kuckucks-Lichtnelke, der Kriechende und der Scharfe Hahnenfuß, der Bach-Nelkenwurz und das seltene Sumpfblutauge. Noch sind bescheidene Vorkommen des Lungen-Enzians und der Kuhschelle vorhanden.

Das einstige Juwel der Lewitz, die Sibirische Schwertlilie, überdauerte die Zeit im Garten des Naturschützers WALTER DAHNKE jun. Im Rahmen eines Naturschutzprojektes konnte diese seltene, einstmals hier vorkommende Charakterpflanze wieder erfolgreich ausgewildert werden.

An einigen Wassergräben konnten die Insektenforscher WOLFGANG ZESSIN und ROLF LUDWIG die Große Heidelibelle und die seltene Gebänderte Heidelibelle nachweisen.

Das vorhandene Dauergrünland hat eine große Bedeutung für rastende Saat- und Blässgänse, Kraniche sowie für Kiebitze. Hinzu kommen Arten wie Weißwangen-, Kurzschnabel-, Kanada-, Nil- und Rothalsgans. Eine beachtliche Anzahl von Zwerg- und Singschwänen, Goldregenpfeifern, Wacholderdrosseln und Staren sind während des Vogelzuges häufig zu beobachten. Junge Seeadler nutzen Wasserlachen, um hier zu trinken oder sich mit anderen Artgenossen spielerisch zu messen. Der Schwarzmilan ist seltener zu beobachten. Dafür kommt der Rotmilan flächendeckend vor. Auch jagende Turmfalken sind keine Seltenheit. Stattdessen ist der Wanderfalke eine Rarität, der nur mit etwas Glück beobachtet werden kann. Eine weitere Besonderheit stellt die große Zahl von Kiebitzen dar. Diese in Deutschland selten gewordene Vogelart sammelt sich bis Ende Oktober im Vogelschutzgebiet, um hier mit bis zu 20000 Tieren zu rasten. Dabei bilden sich riesige Schwärme, die wie wolkenartige Gebilde aussehen.

Auch der Weißstorch braucht das vorhandene Dauergrünland für die Nahrungssuche. Noch 1929 waren im gesamten Lewitzgebiet 26 Horste belegt. Bis 1996 schrumpfte diese beachtliche Zahl auf nur fünf besetzte Brutplätze. Der bedauernswerte Rückgang des Weißstorches, des Großen Brachvogels sowie anderer Sumpf- und Watvögel kann gestoppt werden. Dafür müssten das vorhandene Dauergrünland ohne Wenn und Aber erhalten, weitere Grünlandumbrüche vermieden und unproduktive Ackerflächen wieder in Dauergrünland umgewandelt werden. Notwendig ist auch eine schrittweise Erhöhung des Grundwasserstandes auf ein vertretbares Normalniveau.

Die Gewöhnliche Kuhschelle – Seltene Pflanze der Binnendünen

Kuckucks-Lichtnelke

Wespenspinne (Weibchen)

Blutrote Heidelibelle (Männchen)

Schmalbock

Silberweiden bei Mirow

Mutterkuhherde auf der großen Parchimer Wiese

Die Lewitz

Wie lange müssen wir's ertragen,
schmerzlich – das laute Klagen,
die Lewitz, ein Stück Natur,
braucht endlich eine Erholungskur.

Wie oft wurde sie geknetet und gewalkt
die Naturdame, die schon zig Jahre alt,
sehnt sich lange nach ein bisschen Vergnügen,
möchte strahlend alle Kreaturen berühren.

Ihre 33 hübsch gewachsenen Bäume,
die schon weit in tiefe Träume,
sind endlich eingezäunt geschützt,
damit wurde ihr Dasein unterstützt.

Das Schutzgebiet „Enzianwiese"
ist zwar kein großer Superriese –
dazu gehört noch „Hühnerberg", die stille Düne,
beide lassen summen so manche Biene.

Der Lungen-Enzian und die Kuhschelle,
blühen immer noch an gleicher Stelle,
geschützt ihre kostbaren Stauden mit Blüten
wachsen wie aus Wundertüten.

Das benachbarte Wasser weit und breit,
ist beliebt schon alle Zeit,
es wurde „Fischteiche" genannt,
ist in ganz Mecklenburg bekannt.

Die Vogelwelt nicht zu vergessen,
die fröhlich brütet auf feuchten Flächen,
belebt die Lewitz, das ganze Jahr,
eine Bereicherung – fürwahr.

Vor über 50 Jahren kamen schon gefahren
Menschen, mit Pferden, die vor Leiterwagen,
weil in der Lewitz die besten „Bickbeeren",
die alle sollten geerntet werden.

Werden nun illegal Grünflächen zu Ackerland,
damit stark reduziert der Vogelbestand
und wenn keiner auf die Naturschützer hört,
ist das „Vogelschutzgebiet" bald zerstört.

Unterstützt darum kräftig die Herren und Damen,
die nicht sagen zu „allem" ja und amen,
sie werden gestärkt die Ämter bewegen,
damit die Lewitz soll lange noch leben.

Grete Schicke

Mäusebussarde am Rehluder

Kiebitz

Singschwäne auf einer Feuchtwiese

Weißstörche auf dem Horst

Die Wiesenmeisterei in Tuckhude

1862 bekam die Lewitz eine eigenständige Lewitz-Wiesen-Verwaltung (LWV). Um diese herzogliche Behörde zweckentsprechend unterzubringen, wurde im gleichen Jahr die Wiesenmeisterei errichtet. Für deren Sitz wählten die herzoglichen Beamten den kleinen Ort Tuckhude bei Neustadt-Glewe aus. Tuckhude ist ein Wort aus dem Plattdeutschen und bedeutet soviel wie „kleine Weide". Dieser Standort liegt direkt an der Friedrichsmoorschen Allee, ist somit gut erreichbar und damit bestens für eine Verwaltung geeignet. In der Wiesenmeisterei wohnte einer der beiden Wiesenmeister mit seiner Familie. Zusätzlich waren in der Wiesenmeisterei ein Wiesenbaumeister, zwei Motorführer, fünf Wiesenwärter, ein Chausseewärter sowie 48 ständige Arbeiter tätig. Zu deren Hauptaufgaben zählten die Instandsetzung der Wege und Brücken und das Beobachten und das Regulieren der Wasserstände. Gleichzeitig waren die Beräumung der Gräben sowie die Heuernte wichtige Arbeitsaufgaben.

Die Wiesenmeisterei in Tuckhude um 1906 mit Wiesenmeister und Familie

Postkarte – Archiv: Gerhard Düker

Der letzte Wiesenmeister war JOHANN PULS, der hier bis 1926 arbeitete. Bis 1934 wurde die Wiesenmeisterei von der Lewitz-Wiesen-Verwaltung als Dienst- und Verwaltungssitz genutzt. Im gleichen Jahr lösten „braune Beamte" die Lewitz-Wiesen-Verwaltung auf. Von 1934 bis 1954 erfolgte in der Wiesenmeisterei die Aufteilung und Verpachtung der Lewitzwiesen. Bis 1994 diente das mit Reet gedeckte und unter Denkmalschutz stehende Gebäude als Wohnhaus. Ein europäisches Förderprogramm ermöglichte in den 1990er Jahren eine umfassende Restaurierung. Heute wird die Wiesenmeisterei wieder als Wohnhaus genutzt. Auf dem Gelände befinden sich ein agrarhistorisches Museum und ein weitläufiger Bauerngarten. Verschiedene, in traditioneller Bauweise errichtete slawische Häuser geben Zeugnis über die Besiedlung des Lewitzgebietes und lassen den Betrachter hautnah Geschichte erleben. In der Wiesenmeisterei Tuckhude können heute Radwanderer und andere Besucher übernachten nach Voranmeldung und sich über die Lewitzlandschaft informieren. Hier besteht die Möglichkeit, rustikal zu übernachten, zu zelten oder mit dem Wohnmobil Urlaub zu machen. Außerdem kann der Naturfreund verschiedene Führungen buchen, die mit dem Fahrrad, in einem Kremserwagen, mit eigenem Bus bzw. PKW oder in einem Heißluftballon durchgeführt werden.

Kontakt zur Wiesenmeisterei:

Wiesenmeisterei Tuckhude . Friedrichsmoorsche Allee 1
19306 Neustadt-Glewe/OT Tuckhude-Lewitz
Telefon: 038757 23800
Mobil: 0157 71941843
E-Mail: fuehrungen-lewitzranger@web.de
Internet: www.lewitz-rangertour.de

Pfadfinder des Pollution Police e.V. im Slawenhaus

Die Wiesenmeisterei heute

Junger Seeadler an einer Wasserlache

Abendstimmung über dem Neuhöfer Fischteich

Die Alte Elde – *Wo Eisvogel & Biber leben*

In der Norddeutschen Tiefebene endete die letzte Eiszeit vor ca. 15000 Jahren. Gewaltige Schmelzwasserströme, durchsetzt mit Geröllmaterial flossen nach Süden ab und formten das heutige etwa 17000 ha große „Lewitzbecken". Die mächtigen Wasser- und Geröllmassen hatten ebenso das Ur-Eldetal, zahlreiche tiefe Bodensenken und einige Erosionsrinnen geschaffen. In diesen Geländevertiefungen sammelte sich das vorhandene Oberflächen- und Niederschlagswasser. Der Schweriner See, das Störtal und zahlreiche Bäche wurden so „geboren". Nur 5000 Jahre später war das „Lewitzbecken" oder die „Lewitzsenke" durchgängig mit Wald bewachsen. Als Überbleibsel der letzten Eiszeit entstanden auch zwei Wasserläufe, die unter der Bezeichnung „Stör" und „Alte Elde" bekannt wurden.

Von Menschen und Schiffen

Erst spät griff der Mensch in das natürliche Fließsystem der Elde ein. Noch im 16. Jahrhundert war sie ein ökologisch intaktes Fließgewässer. Die Alte Elde bahnte sich ihren Weg südlich von Malchow über die Mecklenburgische Seenplatte und dann über die Städte Plau, Lübz bis nach Parchim. Von hier aus schlängelte sie sich nach Süden, um mit dem Fluss Stör zusammenzutreffen. Ungehindert floss sie weiter über Neustadt-Glewe, Grabow sowie Eldena und mündete dann endgültig in die Elbe. Aufgrund der geringen Wassertiefe und des mäandrierenden[1] Verlaufes war eine Nutzung als Wasserweg nicht möglich. Erst mit dem blühenden Salzhandel der Stadt Lüneburg und durch die Pläne des mecklenburgischen Herzogs JOHANN ALBRECHT I.[2] begann man damit, die Alte Elde zu vertiefen, zu kanalisieren und die ersten Schleusen zu bauen. Diese Planungen und Aktivitäten fanden unter Leitung des deutschen Wasserbaumeisters TILEMANN STELLA[3] statt. Somit konnte bereits 1576 das erste Handelsschiff von Dömitz über Elde und Stör in den Schweriner See segeln.

Im 19. Jahrhundert förderte die rasante wirtschaftliche Entwicklung weitere Ausbau- und Kanalisierungsarbeiten. Ökologische Gesichtspunkte wurden dabei aber nicht berücksichtigt. Infolge der weitreichenden Baumaßnahmen ist die Neue Elde[4] entstanden. Außerdem verlandeten zahlreiche Altarme, die vom Gewässerkörper abgeschnitten wurden.

In der Lewitz ist nur ein 12 km langer Abschnitt der Alten Elde erhalten geblieben. Dieser schlängelt sich zwischen dem Elde-Dreieck und dem Lewitzort Kronskamp. Die Flussbreite beträgt im Nordteil 5 bis 7 m und im Südteil 10 bis 20 m. Wasser erhält der Flusslauf derzeitig nur unzureichend aus den angrenzenden Fischteichen und den umliegenden Nutzflächen. Um die Wasserzufuhr zu erhöhen und die ökologische Funktion als Fließgewässer zu gewährleisten, ist eine Renaturierung der Alten Elde geplant.

---

1 Mäander sind Schleifen im Uferverlauf in Bächen und Flüssen (nach Menderes Fluss).

2 Herzog Johann Albrecht I. lebte von 1525 bis 1576.

3 Tilemann Stella lebte von 1525 bis 1589.

4 Die damalige Bezeichnung Neue Elde bezog sich auf den kanalisierten Bereich der Elde und wurde später durch die Bezeichnung Müritz-Elde-Wasserstraße ersetzt.

ederlibellen bei der Eiablage

Ein Pfad des Lebens

Im Uferbereich der Alten Elde wachsen Silber-, Bruch-, Sal- und Korb-Weide. In der Sumpf- und Flachwasserzone gedeihen Sumpf-Dotterblume, Schwanenblume, Wasser-Schwaden, Schilf, Sumpf-Segge, Sumpf-Schwertlilie, Schmalblättriger Rohrkolben und Kalmus.

Auf einer ehemaligen Eldewiese habe ich vor kurzem einige Pflanzen des Breitblättrigen Knabenkrautes sowie zahlreiche Gewächse der Kuckucks-Lichtnelke und des Bach-Nelkenwurzes gefunden. Dieses bemerkenswerte Vorkommen zeugt von der ehemaligen Vielfalt der artenreichen Pflanzenwelt auf den Feuchtwiesen der Elde.

Die Alte Elde in der nördlichen Wiesenlewitz

Im flachen Flusswasser gedeihen die gelbe Teichrose und das Pfeilkraut. Insbesondere die vom Hauptstrom abgeschnittenen und teilweise verlandeten Altarme sind zu einem Rückzugsgebiet für seltene Pflanzen-, Insekten- und Amphibienarten geworden. Ebenso hält sich der Fischotter im Gebiet auf und ernährt sich vom reichen Fischbestand. Hier leben auch seltene Weichtiere, wie der Schildkröten-Egel und die FFH-Art Bauchige Windelschnecke, die der Molluskenforscher UWE JUEG nachweisen konnte.

Die Vogelwelt nutzt vor allem den südlichen Teil der Alten Elde. Hier brüten Höckerschwäne, Stockenten sowie Teich- und Drosselrohrsänger. Im angrenzenden Bruchwald rufen Pirol, Mönchsgrasmücke, Sumpf- und Weidenmeise und der Waldlaubsänger. Häufig sind auch Eisvogel, Bach- und Schafstelze zu beobachten.

Der König der Fließgewässer, der Biber, hat sich ebenfalls die Alte Elde als Lebensraum zurückerobert. In der Nähe eines alten Mäanders hat dieser fleißige Landschaftsgestalter eine Burg errichtet. Zahlreiche Amphibien- und Reptilienarten leben in und am Wasser. Das Artenspektrum umfasst den Moorfrosch, den Wasserfrosch, die Erdkröte, die Ringelnatter, die Blindschleiche und die Zauneidechse. Neben anderen Tierarten ist die Insektenwelt ein wichtiger Bestandteil im vorhandenen Ökosystem. Zu deren Vertretern zählen interessante Libellen- und Schmetterlingsarten. Erfasst wurden u. a. die Gebänderte Prachtlibelle, der Plattbauch, der Vierfleck, die Gemeine Keiljungfer, der Pantherspanner, der Zitronen-, Schachbrett- und Aurorafalter.

Da der südliche Teil der Alten Elde durch das Naturschutzgebiet „Fischteiche in der Lewitz“ fließt, ist ein Befahren mit Booten oder Flößen nicht gestattet. Jedoch kann man von einigen Brücken aus auf das Gewässer schauen und die Natur intensiv beobachten.

Blaumeise im Geäst

Gemeine Keiljungfer (Männchen)

Ringelnatter

Baumweißling

Wertvolle Stiel-Eichenreihe am Störkanal

Störkanal um 1930 – Archiv: Landkreis Ludwigslust – Foto: Schlünz

Schleusenwärter mit Familie, Magd und Knecht vor der Mittelschleuse nach 1930 – Archiv: W. Bretzmann

Geführte Schiffstouren mit der MS Albert

Der Störkanal – *Ein Querulant in der Waldlewitz*

Genauso wie die „Alte Elde" war auch die „Stör" ein natürlich geformter Wasserweg. Gespeist vom Wasser des Schweriner Innensees hatte dieses Fließgewässer eher den Charakter eines schmalen, schlangenartigen Grabens. Das sollte sich erst ändern, als der Mensch damit begann, die Fließgeschwindigkeit zu verstärken.

Um den Wasserstand der „Stör" gezielt beeinflussen zu können und auf der gesamten Gewässerlänge eine ungehinderte Schifffahrt zu ermöglichen, baute man bereits 1566 die Banzkower Schleuse. Neben diesem Schleusenbau hatte auch die Mittelschleuse eine wichtige Funktion in der Wasserregulierung zu erfüllen. Die Mittelschleuse stand weiter südlich in unmittelbarer Nähe des Abflusses in den Klinker Kanal.

Vom Flusslauf zum Kanal

Im 18. und 19. Jahrhundert fanden intensive Baumaßnahmen statt, die aus der „Stör" den „Störkanal", später die „Störwasserstraße" formten. Dafür ist der ehemalige Floßgraben zwischen Banzkow und dem „Klinker Bach" in Richtung bis zur „Alten Elde" verlängert worden. Das alte Flussbett der „Stör" verlief damals weiter westlich. Die „Schmetthausche Karte" von 1786 dokumentiert das eindrucksvoll. Nach der Trockenlegung des alten Flussbettes kam es hier zu einer Verschilfung, da kein Wasser mehr hineinströmen konnte. Mit der Zeit entwickelten sich jedoch diese verschilften Altarme zu ökologisch wertvollen Lebensräumen. Bis 1835 erfolgte der endgültige Ausbau zum Hochkanal. Ziel war es, einen etwa 20 km geradlinigen Wasserweg zu schaffen, um Lastkähne und Holz ohne großen

Zeitverlust zu transportieren. Zahlreiche aus Holz gefertigte Zugbrücken überquerten den Gewässerlauf, die später durch eiserne Drehbrücken, massive Hochbrücken oder durch Hubbrücken ersetzt wurden. Da der Störkanal die Waldlewitz buchstäblich teilt, war dessen Bau höchst umstritten. In den 1930er Jahren bezeichnete Forstmeister FREIHERR TRAUGOTT VON MALTZAHN den Kanal gar als „Fehlplanung und Kulturschädling". VON MALTZAHN hatte durchaus Anlass zur Klage, da die Fließrichtung des „Störkanals" quer zu den natürlichen Abflussrichtungen der angrenzenden Fließgewässer verläuft. Die Folge davon war ein massiver Rückstau, der zu großflächigen Überschwemmungen im angrenzenden Laub- und Nadelwald führte. Der dadurch verursachte Schaden war verheerend und ließ große Kahlflächen entstehen.

Ende der 1950er Jahre errichteten Brückenspezialisten die Hohe Brücke, die als neue Querung über den Störkanal diente. Den Sand für die benötigten Aufschüttungen gewann man durch eine Ausgrabung bei Rusch. Dadurch bekamen die Ruscher Bürger einen großen Angelteich.

Eisvogel (Männchen)

Frühe Adonislibelle

Winteridylle am Störkanal

Inmitten der Natur

Wegen seiner idyllischen Lage geht heute von der „Störwasserstraße" eine erholsame Ruhe und Gelassenheit aus. Insbesondere von Wasser- und Radwanderern wird diese Stimmung geschätzt. Als künstliches Fließgewässer bietet der Störkanal einigen Vogel-, Insekten- und Pflanzenarten geeignete Lebensräume. Im Flachwasserbereich gedeihen das Pfeilkraut, Schilf, der Breitblättrige Rohrkolben, die Sumpf-Schwertlilie sowie die Teich- und die Seerose. Sumpfziest und Wasserdost wachsen am Gewässerufer und ziehen zahlreiche Insekten an. Diese Insektenwelt kommt in unterschiedlichen Farbvariationen vor. Nachgewiesen wurden die Gebänderte Prachtlibelle, die Gebänderte Heidelibelle, die Gemeine Flussjungfer, die Gemeine Keiljungfer, der Plattbauch, die bläulich schimmernden Azurjungfern und die Frühe Adonislibelle. Außerdem halten sich hier verschiedene Edelfalter, Weißlinge, Augenfalter und Bläulinge auf.

Die Gaartzer Brücke als Holzkonstruktion um 1914 Archiv: Landesforstamt Friedrichsmoor

Über der Wasseroberfläche sitzend, halten Eisvögel nach Beute Ausschau. In den nahen Erlenbrüchen suchen große und kleine Schwarzkittel[1] nach Nahrung. Auch die Vogelwelt zeigt sich vielstimmig und artenreich. Garten-, Dorn- und Mönchsgrasmücke rufen in den angrenzenden Waldsäumen. Regelmäßig zu hören sind auch der Buchfink, der Zilp-zalp, der Fitis, das Rotkehlchen, der Zaunkönig, der Waldlaubsänger und der Kleiber. Leider hat auch hier der Bestand des Braunkehlchens und der Nachtigall abgenommen. Dagegen fanden 1993 Vogelkundler 22 Brutpaare der Bartmeise. Ob dieser beachtliche Brutbestand heute noch vorhanden ist, kann derzeitig nicht beantwortet werden.

Entlang des Kanalufers verläuft ein naturbelassener Radweg, der zur neuen Gaartzer Brücke führt. Dieser erhöhte Standort bietet dem Besucher einen schönen Rundblick auf die Waldlewitz. Einige interessante Querwege gehen von diesem Rastplatz ab, um die Waldlewitz zu Fuß oder auf dem Fahrrad ausgiebig erkunden zu können. Wer weitere lohnenswerte Rastpunkte ansteuern möchte, sollte unbedingt die Lewitzdörfer Jamel, Plate und Banzkow[2] besuchen. Von Plate aus kann der Naturfreund mit mir zusammen von April bis Oktober mit dem „Lewitz-Kieker"[3] auf Vogelstimmensafari oder im Herbst zur Hirschbrunft schippern.

Das ist ein wirkliches Naturerlebnis und für Familien besonders zu empfehlen. Die Störwasserstraße mündet am sogenannten „Eldedreieck" in den Friedrich-Franz-Kanal und in die Müritz-Elde-Wasserstraße. Diese wird auch als das „Blaue Band Mecklenburgs" bezeichnet.

1 Wildschweine werden im Volksmund auch als Schwarzkittel bezeichnet.

2 Ortschaften in Mecklenburg, die mit der Wortendung „ow" oder „itz" enden, sind von den Slawen gegründet worden.

3 Der Lewitz-Kieker ist ein kleines, aber schmuckes Schiff, mit dem Naturfreunde den Störkanal und die Müritz-Elde-Wasserstraße hautnah erleben können. Dabei begleite ich Sie gerne.

Landkärtchenfalter

Sumpf-Schwertlilie

Pfeilkraut mit Blütenstand

Der Störkanal (links) und die verschilften Aufzuchtteiche (rechts) an der ehem. Mittelschleuse

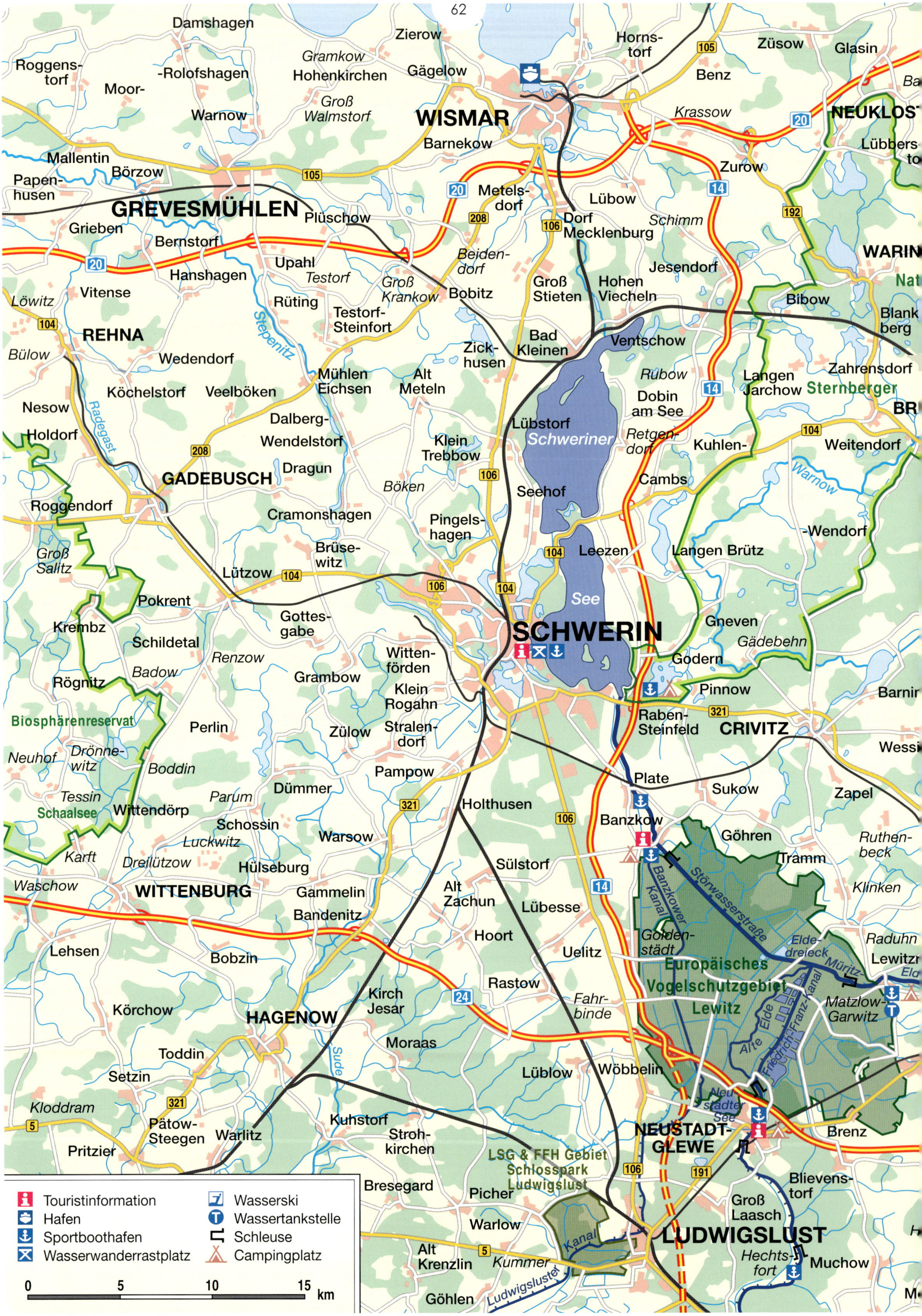
Damshagen
Zierow
Roggens-
torf
Moor-
-Rolofshagen
Gramkow
Hohenkirchen
Gägelow
Horns-
torf
Züsow
Glasin
Benz
Warnow
Groß
Walmstorf
WISMAR
Krassow
NEUKLOS
Barnekow
Zurow
Mallentin
Börzow
Papen-
husen
Metels-
dorf
Lübow
GREVESMÜHLEN
Plüschow
Dorf
Mecklenburg
Schimm
Grieben
Bernstorf
Beiden-
dorf
WARIN
Upahl
Testorf
Jesendorf
Hanshagen
Groß
Krankow
Bobitz
Groß
Stieten
Hohen
Viecheln
Löwitz
Vitense
Rüting
Bibow
Testorf-
Steinfort
Blank
berg
REHNA
Stepenitz
Bad
Kleinen
Ventschow
Bülow
Wedendorf
Zick-
husen
Zahrensdorf
Mühlen
Eichsen
Alt
Meteln
Rubow
Langen
Jarchow
Sternberger
Nesow
Köchelstorf
Veelböken
Dobin
am See
Radegast
Lübstorf
Holdorf
Dalberg-
Wendelstorf
Klein
Trebbow
Schweriner
Retgen-
dorf
Kuhlen-
Weitendorf
GADEBUSCH
Dragun
Warnow
Cambs
Roggendorf
Böken
Seehof
Cramonshagen
Pingels-
hagen
-Wendorf
Groß
Salitz
Brüse-
witz
Leezen
Langen Brütz
Lützow
Pokrent
See
Gottes-
gabe
Gneven
Krembz
SCHWERIN
Gädebehn
Schildetal
Renzow
Witten-
förden
Godern
Badow
Grambow
Klein
Rogahn
Pinnow
Barnin
Rögnitz
Raben-
Steinfeld
CRIVITZ
Biosphärenreservat
Perlin
Zülow
Stralen-
dorf
Neuhof
Drönne-
witz
Wessi
Boddin
Pampow
Plate
Tessin
Parum
Dümmer
Sukow
Zapel
Schaalsee
Wittendörp
Holthusen
Banzkow
Schossin
Göhren
Luckwitz
Warsow
Ruthen-
beck
Karft
Tramm
Drellützow
Hülseburg
Sülstorf
Banzkower Kanal
Störwasserstraße
Waschow
WITTENBURG
Gammelin
Alt
Zachun
Klinken
Bandenitz
Lübesse
Gold-
städt
Lehsen
Hoort
Elde-
dreieck
Raduhn
Bobzin
Uelitz
Müritz-
Lewitzr
Europäisches
Vogelschutzgebiet
Lewitz
Rastow
Kirch
Jesar
Fahr-
binde
Matzlow-
Garwitz
Körchow
HAGENOW
Alte Elde
Friedrich-Franz-Kanal
Moraas
Toddin
Sude
Lüblow
Wöbbelin
Setzin
Neu
städter
See
Kloddram
Kuhstorf
Pätow-
Steegen
Warlitz
Stroh-
kirchen
NEUSTADT-
GLEWE
Brenz
Pritzier
LSG & FFH Gebiet
Schlosspark
Ludwigslust
Bresegard
Picher
Blievens-
torf
Groß
Laasch
Warlow
LUDWIGSLUST
Kanal
Alt
Krenzlin
Kummer
Hechts-
fort
Muchow
Göhlen
Ludwigsluster
Touristinformation
Hafen
Sportboothafen
Wasserwanderrastplatz
Wasserski
Wassertankstelle
Schleuse
Campingplatz
0
5
10
15
km

Das Blaue Band Mecklenburgs
Störwasserstraße & Müritz-Elde-Wasserstraße

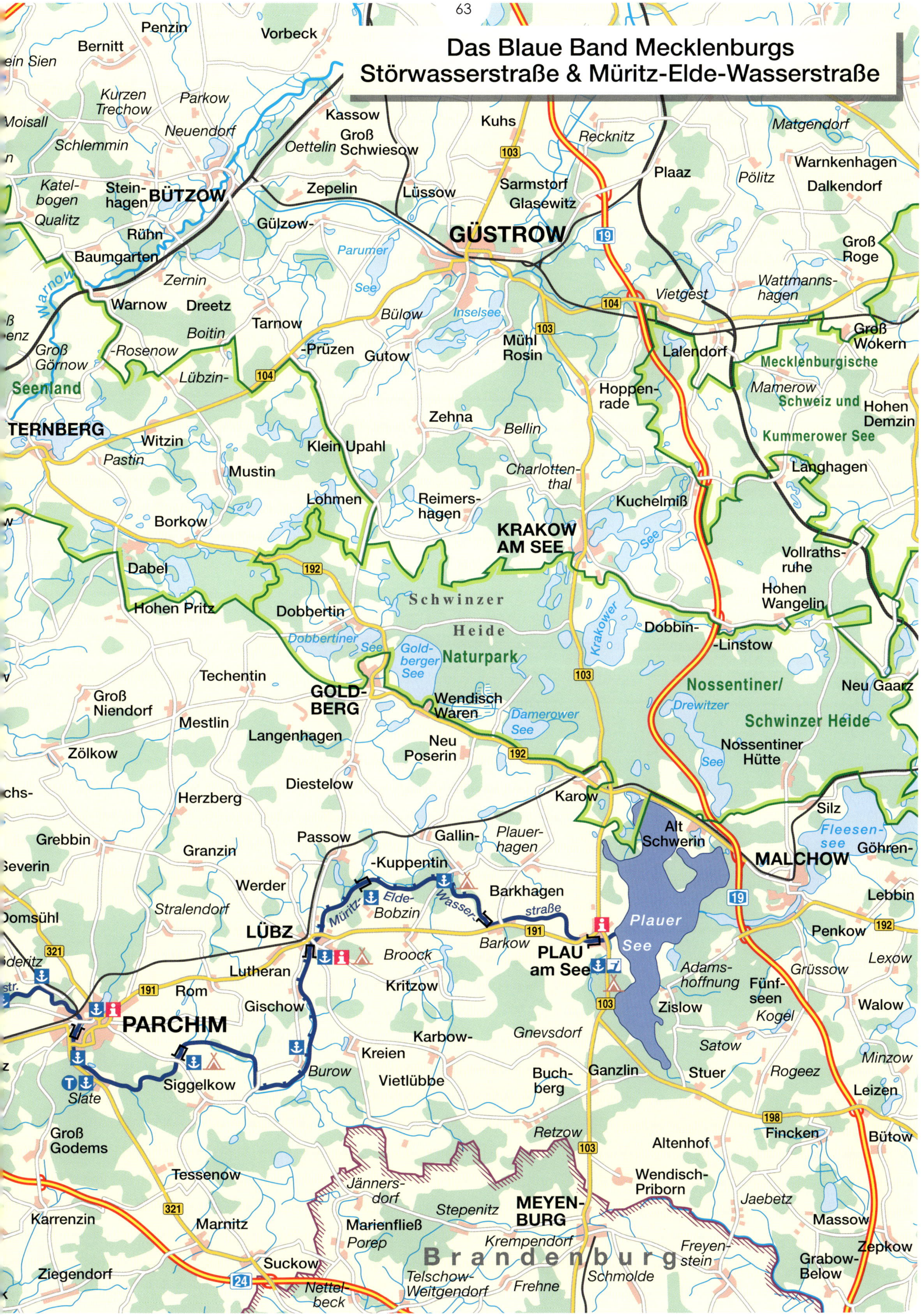

Wasserwanderer auf dem Friedrich-Franz-Kanal

Die Müritz-Elde-Wasserstraße – *Das Blaue Band Mecklenburgs*

Vom Fluss zur Wasserstraße

Von der „Störwasserstraße" paddelt, segelt oder fährt man in die 183 km lange "Müritz-Elde-Wasserstraße". Im Lewitzgebiet verläuft sie durch Parchim, über Garwitz zum „Elde-Dreieck", durch die südliche Lewitzniederung in Richtung „Friedrich-Franz-Kanal" bis zur Lewitzstadt Neustadt-Glewe.

Holzflößerei auf der Müritz-Elde-Wasserstraße um 1930 – Archiv: Landkreis Ludwigslust – Foto: Schlünz

Entstanden ist dieses vom Menschen geschaffene Fließgewässer durch den Ausbau der „Alten Elde" zur „Neuen Elde". Eine Ausnahme bildet hier der „Friedrich-Franz-Kanal". Er wurde 1864 fertiggestellt und erhielt seinen Namen vom mecklenburgischen Herzog FRIEDRICH FRANZ II[1]. Als Stichkanal gebaut, sollte er vor allem einen ungehinderten Schiffsverkehr ermöglichen und den Zeitaufwand beim Flößen größerer Holzmengen verringern.

Bereits 1890 segelte der englische Landedelmann HENRY MONTAGU DOUGHTY mit Butler, zwei Matrosen und seinen Töchtern von Friesland kommend bis nach Böhmen. Sein Segeltörn mit dem Lastensegler „Gipsy" führte auch durch die Lewitz. Als die Abenteurer die Schleuse bei Neustadt durchfuhren, erwartete sie eine raue, aber schöne Landschaft. Dieses einmalige Erlebnis schilderte er wie folgt: „Dann segelten wir unter einer hübschen Allee hinaus und weiter durch eine grüne Ebene von flachen Marschen[2], die bis zum Horizont reichten. Bald danach erreichten wir eine Schleuse, der Eingang zum Friedrich-Franz-Kanal. Dies ist eine gerade, schöne breite, gepflegte Wasserstraße; aber da sie das einzige blanke Glied einer sonst verrosteten Kette ist, ist sie von wenig praktischem Nutzen. Nennenswerten Verkehr gibt es auf keinem Abschnitt des Systems, kaum Schiffe, nur Holzflöße. Diese Flöße treiben mit dem Strom, ihre Mannschaften laufen auf den Stämmen in Wasserstiefeln mit Spikes und halten sie mit Stangen vom Ufer ab". Weiter schrieb er: „Der Wasserweg, in den wir jetzt einfuhren, der Störkanal, war kaum vier Fuß tief und auch das nur in der Mitte".

Diese persönliche Schilderung sagt doch Vieles über den damaligen naturnahen Zustand der Fließgewässer aus. Heute ist das „Blaue Band" touristisch gesehen die bedeutendste Wasserstraße Mecklenburgs.

1 Herzog Friedrich Franz II lebte von 1823 bis 1883.

2 Marschen oder Schwemmland sind flache Landschaften der nordwestdeutschen Küsten und Flüsse ohne natürliche Erhebung.

unger Seeadler auf dem Ansitz

Wintermorgen am Friedrich-Franz-Kanal

Perlmutterfalter

Der Friedrich-Franz-Kanal

Ein Paradies für Naturfreunde

Obwohl einige wasserbauliche Maßnahmen nicht gerade kostengünstig und umweltschonend durchgeführt wurden, ist die Naturausstattung dennoch beachtlich. Die entlang der Wasserstraße brütende und lebende Vogelwelt ist vor allem mit dem Wald- und Weidenlaubsänger, der Mönchs-, Klapper- und Gartengrasmücke, dem Pirol, der Singdrossel und mit fast sämtlichen in Mecklenburg-Vorpommern brütenden Meisenarten vertreten. Der Mäusebussard und der Rote Milan sind häufig zu entdecken. Erhalten gebliebene naturnahe Uferzonen mit vorhandenem Schilfbewuchs werden vom Drosselrohrsänger, dem Teichrohrsänger, der Rohrammer, dem Höckerschwan und der Stockente aufgesucht.

Schleuse No. 1 am Friedrich-Franz-Kanal um 1930 – heute ornithologische Station

Archiv: Landkreis Ludwigslust – Foto: Schlünz

Der harte, kalte Winter von 2009/2010 führte auch in diesem Lebensraum zum Tode von mindestens 70 % der hier vorkommenden Eisvogelpopulation. Die „fliegenden Edelsteine" verhungerten, da die Wasseroberfläche bis zu 40 cm Tiefe zugefroren und so eine Jagd auf Fische unmöglich war. Dennoch können Eisvogel und Schafstelzen wieder hier und da beobachtet werden.

Am Gewässerufer wachsen Sumpf-Schwertlilie, Sumpfdotterblumen und auch der Wasserdost. Weiterhin gedeihen hier einige Futterpflanzen, die unterschiedliche Schmetterlingsarten magisch anziehen. Zu ihnen zählen Schmetterlingsarten wie das Tagpfauenauge, das Landkärtchen, der Kleine Fuchs, der C-Falter, verschiedene Bläulinge und Distelfalter. Die Libellenfauna entspricht dem Vorkommen am Störkanal und an der Elde.

An den vorhandenen Ufergehölzen hat der Biber seine „Handschrift" hinterlassen. Als Pflanzenfresser bevorzugt er Weichgehölze wie Zitterpappel, Korb-, Sal-, Bruch- und Silberweide. Der Fischotter nutzt das Gewässer ebenso als Nahrungsrevier. Am Kanalufer sonnen sich zudem Zauneidechsen, Ringelnattern sowie Blindschleichen. Diese unter Naturschutz stehenden Reptilien sind nicht giftig und dem Menschen gegenüber eher scheu. Nennenswert ist ebenso das Vorkommen der seltenen Fluss-Kugelmuschel.

Von den insgesamt 18 sanierten Schleusen findet man vier im Lewitzgebiet. Die Schleusenzeiten gelten vom 1. April bis 30. September, auch an Sonn- und Feiertagen. In der Zeit von 9 bis 20 Uhr können kleine und große Wasserfahrzeuge alle Schleusen passieren. Wer nicht nur rasten, sondern länger bleiben möchte, sollte unbedingt die Städte Neustadt-Glewe, Parchim, Schwerin sowie den Lewitzort Matzlow-Garwitz besuchen. Hier laden alte, restaurierte Kirchen, interessante Museen, Hotels, Pensionen und gemütliche Cafés zum Verweilen, Entdecken und Entspannen ein. Von Garwitz aus gelangt man auf dem „Blauen Band" über die Kreisstadt Parchim, den Plauer See, den Fleesensee sowie den Kölpinsee in die Müritz, die „Mutter Mecklenburgs".

Gebänderte Prachlibelle (Männchen)

Grünfrosch

Das NSG Fischteiche in der Lewitz mit der Teichgruppe Spornitz Nord

Die Fischteiche der Lewitz – *Naturschutzgebiet im Herzen des Wiesenlandes*

Im Zentrum des Wiesenlandes

Im 19. Jahrhundert war das Heu[1] ein wichtiger Rohstoff für die ländliche Bevölkerung. Doch Ende des 19. Jahrhundert sank die Nachfrage nach diesem Naturprodukt. Für die Menschen musste somit eine zusätzliche Beschäftigung und eine andere Einnahmequelle geschaffen werden. Um diese Ziele in Mecklenburg zu erreichen, wurden zahlreiche Moorwiesen und Sümpfe trockengelegt oder zu Fischteichen umgewandelt. Das geschah 1897 auch in der Lewitz. In diesem Jahr entstanden die ersten 20 Hektar Teiche linksseitig des Störkanals.

Ein blaues Mosaik entsteht

Zwischen 1900 und 1905 finanzierte der in Grönings bei Wismar wohnende Gutsbesitzer ZIEMSEN ein 250 ha großes Teichprojekt direkt am Klinker Kanal. Dafür erhielt er von der Forstverwaltung des Landes ein 25-jähriges, kostenloses Nutzungsrecht.

1910 bis 1920 verwirklichten hier der Deutsche Fischereiverein wie auch der Mecklenburgische Staatsforst eigene Teichvorhaben. Bis 1938 konnte die Fläche der vorhandenen Fischteiche auf 500 ha ausgedehnt werden.

Nach 1940 ist die Friedrich-Franz-Schleuse außer Betrieb gestellt worden. Dadurch sank der Wasserstand im Friedrich-Franz-Kanal. Da für die Fischteiche nun kein Wasser mehr zur Verfügung stand, liefen diese leer. Im Neuhöfer Teich konnten deswegen sogar Nahrungsmittel wie Roggen und Kartoffeln angebaut werden.

1947 begannen die Lewitzfischer das in den Teichflächen vorhandene Schilf zu beseitigen, die Teiche wieder mit Wasser zu versorgen und mit Karpfenbrut zu besetzen. Diese Arbeiten wurden unter der Leitung des aus Friedrichsmoor stammenden Fischmeisters SCHÖNE erfolgreich durchgeführt. Bereits 1950 waren die Teiche am Klinker-, Stör- und Elde-Kanal wieder ohne Schilfbewuchs. 1952 hatten die „Petrijünger“ auch mit der Fischzucht im Neuhöfer Teich begonnen. Mit großem Fleiß und unter vielen Entbehrungen gelang es, bis 1958 ein 860 ha großes, künstliches Mosaik, bestehend aus 32 Fischteichen, zu schaffen. In Europa gibt es heute nur in Ungarn etwas Vergleichbares in dieser Größe.

Kinder in einem Fischteich nach 1930 – Archiv: Landkreis Ludwigslust – Foto: Schlünz

1 Heu ist getrocknetes Gras, das vor der Mechanisierung von Hand gemäht, gewendet und mit Heuwagen abtransportiert wurde.

Kraniche

Graugans mit Gössel

Höckerschwan

Rastende Saat- und Graugänse

Als Naturreservat im Vogelschutzgebiet

Insbesondere wegen des Vogelschutzes wurde 1969 das Naturschutzgebiet „Fischteiche in der Lewitz" geschaffen. Seitdem liegen alle Fischteiche im 1732 ha großen Schutzgebiet. 1978 wurden die Teichflächen in die Ramsar-Konvention[1] aufgenommen. Gleichzeitig sind in den Fischteichen von 1978 bis 1989 über 80 % des Schilfbestandes beseitigt und die meisten Teichflächen zusammengelegt sowie vertieft worden. Ziel war eine Steigerung der Karpfenzucht auf 1,5 bis 5 t Fisch je Hektar Teichfläche. Die negativen Auswirkungen auf die im Schilf brütende Vogelwelt ließen nicht lange auf sich warten. Große Bestandsrückgänge hatten besonders der Seggenrohrsänger und die Große Rohrdommel zu erleiden. Durch die Schilfreduzierung verbesserten sich aber die Rastbedingungen für Bläss- und Saatgans sowie die Brutbedingungen für die Krick-, Schnatter- und die Löffelente. Da die Fischteiche eine große Bedeutung als Mauser- und Rastgebiet für die Wasservogelwelt haben und als Brutraum für seltene Vogelarten dienen, musste nun auch die Ausweisung als Europäisches Vogelschutzgebiet erfolgen. Diesen notwendigen Schritt vollzog das Bundesland Mecklenburg-Vorpommern 1992.

Naturschutz und Nutzung

Neben den staatlichen Naturschutzbehörden engagieren sich seit Jahrzehnten für das NSG[2] die Schutzgebietsbetreuer GÜNTHER SCHIEWECK und HORST ZIMMERMANN. Die von ihnen erhobenen Bestandsdaten weisen u. a. folgende Brutvogelarten aus: den Kranich, die Graugans, die Rohrweihe, das Teichhuhn, den Rothals- und Zwergtaucher, die Schnatterente, den Eisvogel, die Bart- und Beutelmeise, den Rohrschwirl sowie den Teich- und Drosselrohrsänger. Zu den sporadisch brütenden Wasservogelarten zählen der Schwazhalstaucher sowie die Tüpfel- und Kleinralle.

See- und Fischadler[3] profitieren ebenfalls vom reichlichen Nahrungsangebot. Beachtlich ist auch die große Anzahl rastender Vogelarten, wie der Saat- und Blässgans[4], der Zwerg- und Singschwan sowie der Kiebitz und der Goldregenpfeifer. Diese spezialisierten Arten brauchen die Fischteiche als Rast-, Nahrungs- und Schlafgewässer. Weitere Brut- und Rastvogelarten sind die Stock-, Krick-, Löffel-, Reiher- und Pfeifente. Die Säugetierfauna ist u. a. mit dem Fischotter, dem Iltis, dem Mauswiesel, der Schermaus und dem Rotfuchs vertreten. Über den Teichflächen jagen die Wasser-, Teich- und Fransenfledermaus nach Insekten. Zum vielfältigen Insektenvorkommen gehören auch zahlreiche Libellenarten. Dazu zählen u. a. die Plattbauchlibelle, die Vierflecklibelle, der Große Blaupfeil, die Hufeisen- und Fledermaus-Azurjungfer, die Gemeine Winterlibelle, die Blutrote und Gebänderte Heidelibelle und die Herbst-Mosaikjungfer. Sie nutzen die Fischteiche als Laich- und Nahrungsgewässer.

Im Teichgebiet existieren bedeutende Massenlaichplätze vom Moorfrosch, der Erdkröte und der Rotbauchunke. Daneben kommen die Ringelnatter, der Teichmolch, der Wasserfrosch, die Knoblauchkröte und die Wechselkröte vor. Eine wirkliche Rarität ist hier der vom Aussterben bedrohte Südliche Wasserschlauch. Diese auch als Südlicher Wasserhelm bezeichnete Pflanze konnte im NSG von Mitgliedern der Botanikfachgruppe Ludwigslust nachgewiesen werden. Weitere Pflanzenvertreter sind das Gemeine Schilf, der Breit- und Schmalblättrige Rohrkolben, der Wasser-Schwaden, das Rohr-Glanzglas, der Kalmus, der Wasserdarm, das Pfeilkraut und die Sumpf-Segge.

Von 1950 bis 1990 waren der VEB Binnenfischerei Schwerin und von 1992 bis 2006 die Binnenfischerei Mecklenburg GmbH die Bewirtschafter der Karpfenteiche. Heute hat das Unternehmen „Lewitz Fisch" die Fischteiche der Lewitz gepachtet. Auf deren Betriebshof in Neuhof wird immer am Donnerstag und Freitag frischer Lewitzfisch verkauft.

1 Internationales Übereinkommen über Feuchtgebiete, die als Lebensräume besonders für Wasser- und Watvögel unverzichtbar sind.

2 Abkürzung für die Bezeichnung Naturschutzgebiet.

3 Bis heute hat sich der Brutbestand des Fischadlers in der Lewitz auf über 8 Brutpaare erhöht. Sämtliche Paare brüten auf Gittermasten vorhandener Stromleitungen. Diese positive Entwicklung basiert auch auf dem Engagement der WEMAG AG.

4 Bläss- und Saatgänse brüten in der Tundra Sibiriens. Saatgänse kommen ferner in den Moorgebieten Nordnorwegens vor. In der Lewitz rasten diese Wildgänse vom Herbst bis in das zeitige Frühjahr hinein mit bis zu 60000 Tieren.

Moorfrosch (Männchen oben und Weibchen unten)

Rotbauchunke

Der Seeadler – König der Lewitz

Altvogel

ungvogel

ungvögel auf einer Feuchtwiese

Der Fischadler – Imposanter Jäger in der Teichlewitz

Der Graureiher – Ein Multitalent im Jagen und Fischen

Grau- und Silberreiher verfügen über eine ausgezeichnete Sehleistung und besitzen ein sehr gutes Reaktionsvermögen

Der Silberreiher – Eleganter Fischer und beeindruckender Tänzer

Pappelreihe im NSG Fischteiche in der Lewitz

Paarungsrad der Herbst-Mosaikjungfer

ranich

äusebussard auf einem Schwarzwildluder

Braunkehlchen

Herbststimmung am Neuhöfer Fischteich

Saat- und Blässgänse am Lewitzhimmel

Weibchen

Männchen

Die Rohrweihe – Brutvogel im Röhricht der Fischteiche

Männchen

Weibchen

Ziehende Kiebitze

Weibchen

Der Eisvogel

Der wohl farbenprächtigste Vertreter unserer heimischen Vogelwelt ist der Eisvogel. Im Vogelschutzgebiet Lewitz brütet diese eindrucksvolle Vogelart überwiegend im Naturschutzgebiet „Fischteiche" und in der Waldlewitz. Hier nutzt der Eisvogel naturbelassene, sauerstoffreiche Gräben und Bäche, die einen sandigen Untergrund aufweisen.

Im Volksmund auch als „Königsfischer"[1] bezeichnet, besitzt die Spezies eine gedrungene Gestalt sowie einen langen Schnabel. Der Schwanz ist kurz, das Gefieder blau-grünlich glänzend und die Größe variiert zwischen 17 und 19,5 cm. Beim Weibchen ist die Unterschnabelbasis rot gefärbt. Eisvögel benötigen klare, unverbaute Flüsse, Bäche oder Seen. Hier nach Beute Ausschau haltend, harren sie auf einer Sitzwarte lautlos aus, die sich 1 bis 2 m über dem Wasser befindet. Als geschickter „Fischer" besteht seine Hauptnahrung aus kleinen Schwarmfischen, wie Elritzen, Stichlingen, Forellen oder Gründlingen. Die Fische werden dabei stets zuerst mit dem Kopf verschluckt.

Typisch für diese prachtvolle Tierart ist ihr heller Ruf, der in etwa wie „titt titt titt"oder „tjieht" bzw. „tsieht" klingt. Dicht über die Gewässeroberfläche gleitend oder fliegend, werden diese Ruflaute vorgetragen. In steilen Ufern oder Uferabbrüchen schaffen sich Eisvögel eine etwa 1 m lange Röhre und daran anschließend eine geräumige Nistkammer. Hier legt das Weibchen 6 bis 8 weiße Eier in eine Nestmulde. Maximal sind drei Bruten im Jahr möglich. Der sehr zurückgezogen lebende und scheue Vogel ist besonders durch den Verlust seiner Lebensräume bedroht. Zusätzlich sind menschliche Einflüsse, wie der Gewässerausbau, eine zunehmende Gefahr. Sehr strenge, lang anhaltende Winter, wie der Winter 2009/2010, stellen außerdem eine natürliche Gefährdung dar. Außergewöhnlich lang andauernde Kälte- und Schneeperioden lassen die Gewässer zufrieren und machen so die Jagd nach Fischen nur zeitweise möglich. Der Schutz und die Renaturierung der vorhandenen Lebensräume sind für die Arterhaltung dieser beeindruckenden Vogelart von entscheidender Bedeutung.

1 Im englischen Sprachraum wird der Eisvogel als Kingfisher bezeichnet.

Männchen mit Stichling

Die Beutelmeise

Diese Meisenart zählt wohl zu den einfallsreichsten Baumeistern unter unseren gefiederten Freunden. Zu ihrem im Lewitzgebiet bevorzugten Lebensraum zählen das „Naturschutzgebiet Fischteiche" sowie einige naturbelassene Bereiche an der Müritz-Elde-Wasserstraße. Aus Osteuropa eingewandert, brütet die Beutelmeise hier seit 1973.

Im Schutzgebiet erfassten die Ornithologen HORST ZIMMERMANN und GÜNTHER SCHIEWECK jährlich 30 bis 40 Brutpaare.

Typische Erkennungsmerkmale des Männchens sind die schwarze Gesichtsmaske, der rotbraune Mantel, die beige-graue Brust sowie der graue Oberkopf. Beim Weibchen sind stattdessen die Brust und der Oberkopf grau-weiß. Mit einer Größe von 10 bis 11,5 cm zählt diese Vogelart zu den Kleinvogelarten. Sie kommt in Mecklenburg-Vorpommern sowohl in Auewäldern[1], an Flüssen, an Teichen sowie in Teichlandschaften und an Seen vor. Bevorzugter Brutplatz ist das äußere Geäst von Birken und Weiden, in dem vor allem das Männchen ab Anfang April ein beutelförmiges, dickwandiges Nest baut. Meist hängt es über dem Gewässerrand und besteht aus Samenwolle von Weiden, Pappeln und anderen Pflanzenfasern. Wenn sich nun ein Weibchen für das nestbauende Männchen entschieden hat, „webt" er und auch sie einen röhrenförmigen Eingang an das körbchenförmige Nest. Erst jetzt beginnt das Weibchen mit der Eiablage. Vor einigen Jahren konnte ich auch ein Nest mit zwei Einflugröhren entdecken.

Einer Legende nach soll das „Beutelnest" so stabil „gewebt" sein, dass die osteuropäischen Bauern die Nester als Hausschuh umfunktioniert und mit einer Ledersohle ergänzt haben.

Hauptsächlich besteht die Nahrung der Beutelmeise aus kleinen Insekten, Spinnen und Samen standorttypischer Pflanzen. Die Fütterung der Jungvögel übernehmen sowohl Männchen als auch Weibchen und ähnelt oftmals einer akrobatischen Darbietung. Der hohe, weiche Gesang der Beutelmeise „tssiiiü" oder „tsieülíü" erinnert ein wenig an den Ruf der Rohrammer „zieh" oder „ziü". Der Ruflaut der Rohrammer wird aber eher scharf und stotternd vorgetragen.

1 Auewälder sind Laubwälder, die auf zeitweise überfluteten Standorten in Bach- und Flußauen wachsen. Sie besitzen einen Artenreichtum, der mit dem tropischen Regenwald durchaus zu vergleichen ist.

Der Neustädter See aus der Vogelperspektive

Das FFH- und Naherholungsgebiet Neustädter See –
Weiße Strände und blaues Wasser

Neben den vorhandenen Fließgewässern bilden in dieser Kulturlandschaft auch einige Standgewässer einen besonderen landschaftlichen Reiz. Dazu zählt ohne Zweifel der See am Stadtrand von Neustadt-Glewe. Er liegt im Südwestteil des „Europäischen Vogelschutzgebietes Lewitz" und des „Landschaftsschutzgebietes Lewitz".

Der Neustädter See ist das größte natürlich entstandene Standgewässer im südlichen Lewitzgebiet. HALBFASS gibt die Fläche des Ökosystems im Jahre 1919 mit 138 ha an. Dadurch zählt das Gewässer zu den kleineren Seen in Mecklenburg.

Der Neustädter See – Zeichnung: Herbert Bartholomäus

Geschaffen durch Eis und Wasser

Geologisch gesehen entstand der See nach der letzten Eiszeit wahrscheinlich als ein typischer „Einsturzsee". Diese erdgeschichtlichen Voraussetzungen schufen einen Trichter, der sich rasch mit Schmelzwasser füllte. Das glasklare, sehr nährstoffarme Wasser bot einmalige Standortbedingungen, damit sich hier eine einzigartige Pflanzenwelt ansiedeln konnte. Deshalb war und ist dieser Lebensraum ein besonderer Landschaftsbestandteil.

Die äußere Gestalt des Sees wirkt rundlich, wobei die schmale Seite im Westen liegt. Im Gewässer sind unterschiedliche Tiefenverhältnisse vorhanden. Die maximale Tiefe beträgt nach WICHMANN 28 m, die durchschnittliche Tiefe 7 m. Somit ist er ein relativ flaches Gewässer, das aus Grund- und Niederschlagswasser gespeist wird und keinen Zu- und Abfluss besitzt.

Der Einfluss des Menschen

Die Wasserqualität des Sees verschlechterte sich in den 1980er Jahren dramatisch. Hauptursache war eine intensive Düngung der angrenzenden Wiesen- und Ackerflächen sowohl von Land aus als auch aus der Luft. Hinzu kamen das Einsickern ungeklärter Abwässer und eine Übernutzung als Badegewässer mit täglich bis zu 10000 Menschen. Damit der Neustädter See wieder seine Schutz- und Erholungsfunktion erfüllen konnte, musste das Gewässer saniert werden. Dies erfolgte 1999 und führte zu einer deutlichen Verbesserung der Wasserqualität. Außerdem hat die Stadt Neustadt-Glewe bis 2006 die Badeanstalt modernisiert und den Sandstrand herrichten lassen.

Der Neustädter See ist Bestandteil des Vogel- und Landschaftsschutzgebietes Lewitz. Um die umliegende Landschaft und die Naturausstattung des Sees besser schützen zu können, wurde er gemäß der Europäischen FFH-Richtlinie zum FFH-Gebiet[1] erklärt.

Heute kann man hier wieder unbeschwert baden und sich auf einem weißen Sandstrand sowie im blauen Seewasser erholen. Naturfreunde können den See umwandern und sich ganzjährig an der Natur erfreuen.

---

1 FFH steht für Fauna (Tierwelt)-Flora (Pflanzenwelt)-Habitat (Lebensraum). Ziel der FFH-Richtlinie ist der Schutz der Artenvielfalt wildlebender Tier- und Pflanzenvorkommen durch die Erhaltung der natürlichen Lebensräume.

ohrweihe (Weibchen)

Roter Milan

Graugänse

Ein Schatz der Natur

Sumpf-Schwertlilie

Noch in den 1930er Jahren wurde das Seewasser als sehr nährstoffarm eingeschätzt. Infolgedessen siedelten sich hier vom Aussterben bedrohte Pflanzenarten wie der Strandling, der Ufer-Hahnenfuß, der Wassernabel oder das Tausendblatt an.

Botaniker wiesen in der mit Gemeinem Schilf dominierten Uferzone den Strandling, den seltenen Ufer-Hahnenfuß[1], den Wassernabel, den Breitblättrigen- und Schmalblättrigen Rohrkolben, die Sumpf-Schwertlilie, die Wasser-Minze, den Wasserdost, den Gewöhnlichen Froschlöffel, den Blut-Weiderich und die Flatter-Binse nach.

Zahlreiche Tierarten leben vom, am und im Wasser. An exponierten Stellen sonnen sich die Vierflecklibelle, die Blaupfeilelle, die Frühe Adonislibelle sowie die Azur- und Mosaikjungfern. Neben diesen Insektenarten existieren hier Aurora-, Distel- und Zitronenfalter, der Kleine Feuerfalter, der Kleine Fuchs, der Admiral sowie der Schwalbenschwanz. Als Futterpflanzen bevorzugen sie u. a. Acker- und Sumpf-Kratzdistel, Wasserdost, die Wilde Möhre und den Rainfarn.

Den Flachwasser- und nahen Uferbereich nutzen die Erdkröte, der Wasserfrosch, der Teichmolch und die Ringelnatter als Lebensraum. Bemerkenswerte und seltene Molluskenarten[2], wie die Kreisrunde, Glatte und die Schöne Erbsenmuschel konnten hier vom Molluskenforscher UWE JUEG kartiert werden.

Im Gebiet heimisch sind außerdem der Fischotter, der Baummarder, das Eichhörnchen, der Igel und der Steinmarder. Abgesehen von diesen Säugetieren gibt es ein interessantes Fledermausvorkommen. Das könnte nach BINNER aus folgenden Arten bestehen: der Wasserfledermaus, der Fransenfledermaus, der Rauhautfledermaus, der Mückenfledermaus, dem Braunen Langohr, der Zwergfledermaus, der Breitflügelfledermaus und dem Großen Abendsegler.

Die vorkommende Vogelwelt ist ebenfalls durch ein breites Artenspektrum vertreten. Im Schilfgürtel brüten der Drosselrohrsänger, der Teichrohrsänger, die Rohrammer, das Blässhuhn und die hier recht selten gewordene Rohrweihe! Ebenso konnten die Graugans, der Graureiher und der Eisvogel regelmäßig erfasst werden.

Zu den Wintergästen zählen der Seeadler, der Gänsesäger, die Schellente, die Bartmeise, das Wintergoldhähnchen sowie zahlreiche Saat- und Blässgänse. Ganzjährig halten sich auch die Stock- und Reiherente, der Höckerschwan sowie der Haubentaucher auf dem See auf. Diese Brutvogelarten sind standorttreu und recht häufig.

Im schmalen Baumgürtel wachsen das Scharbockskraut und die Anemone. In der Strauch- und Baumschicht kommen der Bunt- und Mittelspecht, der Pirol, der Waldlaubsänger, der Waldbaumläufer, die Singdrossel, der Zaunkönig, das Rotkehlchen, die Nachtigall und die Mönchs- und Klappergrasmücke vor. Erfreulich ist auch der vorhandene Bestand an Schwanz-, Sumpf-, Weiden- und Haubenmeisen sowie zahlreicher Blau- und Kohlmeisen.

---

1 Einziger Fundort im Bundesland Mecklenburg-Vorpommern ist der Neustädter See.

2 Unter dem Fachbegriff Mollusken sind alle Weichtiere erfasst, wie z. B. Muscheln, Schnecken und Egel.

Vierflecklibelle

Neustädter Badeanstalt

Eisvogel auf Beuteschau

Großer Blaupfeil (Weibchen)

Tagpfauenauge

Schätze entdecken

Ende des 4. Jh. nach Christus verließen die germanischen „Teutonen“ und „Langobarden“ diesen Landschaftsraum. Um 600 entdeckten die slawischen Völker der Obotriten, der Ranen und der Wilzen dieses menschenleere Gebiet. Von nun an galt das damalige Lewitzgebiet als „das unentdeckte Land“. Fast ein halbes Jahrtausend hindurch war das heutige Mecklenburg „Wendenland“. Die Wenden waren es auch, die hier die meisten Siedlungen gegründet haben. Deshalb enden fast alle Ortsnamen mit den Buchstaben -ow bzw. -itz.

Jetzt begeben wir uns auf eine kleine Rundreise, die Sie durch die heutigen Städte und Dörfer des Lewitzgebietes führt. Hier gibt es so manche Kostbarkeit zu entdecken, zu fühlen und zu probieren. Sie sind herzlich willkommen, um sich in den zahlreichen restaurierten Kirchen zu erholen. Außergewöhnliche Museen in Schwerin, Neustadt-Glewe, Plate, Banzkow, Alt Damerow und Ludwigslust lassen Ihr Herz höher schlagen. Gerne empfehle ich Ihnen auch einen Besuch im Zoologischen Garten Schwerin, im Mecklenburgischen Staatstheater Schwerin, im Mecklenburgischen Landestheater Parchim, auf der Burg Neustadt-Glewe sowie im Natureum Ludwigslust.

Nehmen Sie sich einfach die Zeit, denn auf Sie warten viele kulturelle Highlights. Danach sollten Sie sich den leckeren regionalen Köstlichkeiten widmen, die in den Cafés und Gaststätten mit viel Liebe zubereitet werden. Ich wünsche Ihnen viel Spaß und viele angenehme Begegnungen.

Die Lewitzstadt Neustadt-Glewe aus der Vogelperspektive

Die Lewitzstadt Neustadt-Glewe – *Das südliche Tor zur Lewitz*

Neustadt-Glewe

Nachdem die Wenden auch das Niederungsgebiet der Elde erreichten, siedelten sie im Lande Brenz. Zum Schutz des Siedlungsplatzes wurde eine Burg erbaut, deren Wall bis heute erhalten blieb. Später verließen sie dieses Fleckchen Erde und errichteten etwa 5 km weiter westlich eine neue Ansiedlung. Dieser gaben sie den Namen „Chlewe“. Der neue Siedlungsplatz lag nun an einer Flussbiegung der Elde.

Erstmalig erschien der Ort „Chlewe“ am 27. September 1248 auf einem Pergament unter der Bezeichnung „apud Novam Civitatem“[1]. 1253 erhielt diese Niederlassung den Namen „Nova Chlewe“. Dieser Zeitpunkt ist auch die Geburtsstunde der heutigen Ortsbezeichnung Neustadt-Glewe.

Dienen und Herrschen

Schon frühzeitig erhielt Neustadt das Stadt- und Siegelrecht. Die besondere Stellung in der Grafschaft Schwerin führte zum Bau der alten Wehrburg. Mit dem Bau der Burg hängt auch die Entstehung des „Kietzes“[2] zusammen. Diese beschauliche straßenförmige Siedlung wurde 1407 erstmalig erwähnt. Hier ließen sich vor allem Menschen nieder, die ihrem Broterwerb als Fischer, Zimmerer, Schmied oder Töpfer nachgingen. Außerdem mussten sie Frondienste für die Burgherren leisten. Zudem bildete die Siedlung bis 1934 eine selbstständige Landgemeinde mit eigener Gemeindevertretung und einem Dorfschulzen.

Neben der Neustädter Wehrburg errichtete man außerdem weitere imposante Bauwerke. Dazu zählen die um 1300 erbaute Marienkirche und das neue Schloss. Es entstand im Auftrag des mecklenburgischen Herzogs ADOLF FRIEDRICH I[3]. Nach den Plänen des aus Emden stammenden herzoglichen Baumeisters Capitain GERHART EVERT PILOOT begann man 1619 mit dem Bau im holländischen Renaissancestil. Nach dessen Ableben im Jahr 1629 und dem Ausbruch des Dreißigjährigen Krieges kam die Bautätigkeit vollends zum Erliegen. Erst 1711 beauftragte der mecklenburgische Herzog FRIEDRICH WILHELM I. den Architekten LEONHARD CHRISTOPH STURM, die Bautätigkeit am Neustädter Schloss wieder aufzunehmen. Wohl 1720 konnte der Bau als mondäne, zweigeschossige Dreiflügelanlage im klassizistischen Baustil fertiggestellt werden.

1 Heißt übersetzt „nahe der neuen Ansiedlung“.

2 Kann Fischerhütte bedeuten.

3 Herzog Adolf Friedrich I. lebte von 1588 bis 1658.

Neustadt-Glewe
Stadtplan von 2003 und Suchodoletzsche Karte von 1711

Kartengrundlage Stadt Neustadt-Glewe – Grafik: Gerald Keck

athaus

er Kiez

Entwicklung trotz Zerstörung

Bereits im 15. Jahrhundert entwickelte sich Neustadt-Glewe zu einem frühindustriellen Zentrum in der Grafschaft Schwerin. Hier wurde sogar Raseneisenstein verhüttet und mit einem hölzernen, eisenbeschlagenen Blechhammer weiterverarbeitet. Der Bau einer Pulver-, Öl-, Korn- und Papiermühle folgte. Alle Mühlen wurden ausschließlich durch Wasserkraft angetrieben. Daher ist es nicht verwunderlich, dass die Lewitzstadt auch als die älteste Industriestadt Mecklenburgs bezeichnet wird. 1694 tobte hier der erste große Stadtbrand. Weitere Stadtbrände im Jahr 1728 und 1741 verwüsteten insbesondere die Altstadt, in der ausschließlich Fachwerkhäuser standen. Aufgrund der damit verbundenen verheerenden Zerstörungen fiel Neustadt-Glewe zu einem bedeutungslosen Landstädtchen zurück.

Das änderte sich erst mit dem Bau der Eisenbahnlinie Ludwigslust-Neustadt-Glewe-Parchim.[1] Mit dem Bau des Lederwerkes durch Adler und Oppenheimer im Jahre 1911 begann ein neuer wirtschaftlicher Aufschwung. Aufgrund dieser positiven wirtschaftlichen Entwicklung wuchs die Einwohnerzahl bis 1938 auf 4415 Menschen. Nach dem Zweiten Weltkrieg baute man hier das Fernmelde- und Hydraulikwerk.

Stadtführungen mit dem Nachtwächter

Als Tor zur Lewitz

Der nahezu geschlossene Stadtkern konnte erhalten und restauriert werden. Diesen sollten Sie unbedingt bei einem Spaziergang erkunden. Hervorzuheben ist, dass Neustadt-Glewe über einen schönen Badesee und einen Flugplatz verfügt. Von hier aus kann man Rundflüge buchen oder mit einem Heißluftballon über das Lewitzgebiet dahinschweben. Zur weiteren touristischen Infrastruktur zählen der Bootsanleger und der Campingplatz am See. Die Lewitzstadt liegt außerdem im Süden des Städtedreiecks Schwerin-Parchim-Neustadt-Glewe. Sie ist als Amtsgemeinde für die Ortschaften Neu und Alt Brenz, Blievenstorf, Neuhof, Hohewisch, Kronskamp, Hohesfeld sowie Tuckhude verantwortlich. Neustadt-Glewe ist auch ein idealer Startpunkt, um die Städte Grabow, Ludwigslust, Parchim und Schwerin zu besuchen.

Die wasser- und waldreiche Umgebung, die Nähe zum Europäischen Vogelschutzgebiet Lewitz und die Lage am FFH- und Naherholungsgebiet Neustädter See machen die Lewitzstadt zu einem Geheimtipp für Naturfreunde.

1 Der Bau der Eisenbahnlinie dauerte von 1879 bis 1880.

Ev.-luth. Kirche in Alt Brenz

Neues Schloss an der Elde mit Schlosshotel

Freibad am Neustädter See

Ev.-luth. Kirche St. Marien

Das Neue Schloss mit Schlosshotel an der Elde

Die Alte Burg

Als Wehrburg entstanden

Im 12. Jahrhundert ergab sich die Notwendigkeit, die Grafschaft Schwerin auch im Süden militärisch abzusichern sowie die hier sesshaft gewordenen deutschen Bauern vor Plünderungen zu schützen. Das machte den Bau einer festen Wehranlage notwendig. Deshalb ließ 1167 der Schweriner Graf GUNZELIN VON HAGEN direkt am Fluss Elde einen Hügel aufschütten, um darauf eine Wehrburg errichten zu lassen. Mit großem Aufwand konnte das Bauvorhaben wahrscheinlich um 1359 unter dem Herzog ALBRECHT VON MECKLENBURG verwirklicht werden. Neben der militärischen Absicherung diente das Bollwerk zugleich für Verwaltungsaufgaben und als Vogtei. Dafür wurde vom Grafen ein Burgvogt bestimmt, der hier die weltliche Macht ausüben durfte.

Die äußere Form der Turmhügelburg zeigt eine viereckige, geschlossene Anlage. Zu deren Schutz wurde ein umlaufender Burggraben geschaffen und mit der Elde verbunden. Ebenso ist die Wehrburg mit einer im Süden liegenden Schildmauer verstärkt. Der 28 m hohe Burgturm erhielt im 15. Jahrhundert seine Grundform. Im 16. und 17. Jahrhundert fanden am Burgturm Umbaumaßnahmen statt. Dabei erfolgte das Aufsetzen des heutigen Obergeschosses. Um dieses als Wohnraum zu nutzen, hatte man sieben Bogenfenster, einen Kamin und steinerne Seitenbänke eingebaut. Ebenso entstand hier der sogenannte Rittersaal. Aus dem 15. Jahrhundert stammt auch die mittelalterliche Warmluftheizung. Neben dem Burgturm ist der Burghof ein wichtiger Bestandteil und Mittelteil der Anlage. Die Wasserversorgung erfolgte durch einen Brunnen, der später zugeschüttet worden ist. Im September 1629 wohnte hier drei Tage der kaiserliche General Herzog ALBRECHT VON WALLENSTEIN[1].

Alte Burg (Erbaut 2. Hälfte des 13. Jahrhunderts)

Die Alte Burg – Zeichnung: Herbert Bartholomäus

1 Herzog Albrecht von Wallenstein lebte von 1583 bis 1634. Er war wohl der bedeutendste Feldherr des Dreißigjährigen Krieges.

urgturm und Neues Haus

Bootsanleger mit Burgpanorama

Von einer Nebenresidenz zum Anziehungsmagneten

Die Alte Burg vor 1930 als Postkarte – Archiv: Gerhard Düker

Bis ins 18. Jahrhundert diente die Alte Burg auch als Nebenresidenz der mecklenburgischen Herzöge. Im Laufe der Jahrhunderte fanden weitere umfangreiche Umbau- und Ausbaumaßnahmen statt. So entstanden das „Neue und das Alte Haus". 1882 wurde hier das erste Neustädter Technikum eröffnet. Bis 1920 unterrichtete man im Gebäude und sorgte so für einen gut ausgebildeten Nachwuchs. Nach der Gründung der DDR eröffnete man hier eine Jugendherberge und richtete Wohnraum für die Bevölkerung her.

Von 1994 bis 2002 wurde die gesamte Burganlage einer notwendigen Sanierung unterzogen. Im unteren Geschoss des Gebäudes konnten so kostbare Wandmalereien aus Gotik und Renaissance erhalten werden. Auch die Überreste eines einzigartigen Jagdfrieses zeugen von der Bedeutung der Jagd und des hoheitlichen Jagdrechtes. Dank einer Landesförderung konnte die unter Denkmalschutz stehende Anlage bis 2006 vollständig saniert werden.

Heute ist die Alte Burg die am besten erhaltene mittelalterliche Wehranlage Mecklenburgs. Hier befinden sich neben dem sehenswerten Burgmuseum auch ein Restaurant, eine Außenstelle des Standesamtes und die Stadtinformation. Ein besonderes Ereignis findet immer jährlich am zweiten Juni-Wochenende statt. Dann ist die Lewitzstadt Neustadt-Glewe als Ort für das internationale Burgfest ein Anziehungsmagnet für zigtausende Besucher. Es findet ein buntes mittelalterliches Rahmenprogramm statt, das aus Schaukämpfen sowie künstlerischen und musikalischen Darbietungen besteht.

Kontakt zum Burgmuseum:

Stadt Neustadt-Glewe
Alte Burg
Burgstraße
19306 Neustadt-Glewe,
Telefon: 038757 - 237 84
Telefax: 038757 - 500 12
E-Mail: museum@neustadt-glewe.de
Internet: www.neustadt-glewe.de

Internationales Burgfest

Burghexe Jenny mit Zofen

Burgturm mit Burgmauer und Eingangstor

Märchenburg in der Adventszeit

Wiesenmeisterei in Tuckhude

Idylle am Europäischen Vogelschutzgebiet Lewitz

Bei uns können Sie Natur erleben

* Agrarhistorische Bildungsstätte
* Erholen in rustikalen Ferienwohnungen
* Zelten & Campen inmitten der Natur
* Stellplätze für Wohnmobile
* Familienfreundliches Außengelände

Kontakt: Wiesenmeisterei Tuckhude
Friedrichsmoorsche Allee 1
19306 Neustadt-Glewe/OT Tuckhude-Lewitz
Tel: (038757) 23800 . Mobil: (0157) 71941843
E-Mail: fuehrungen-lewitzranger@web.de
Internet: www.lewitz-rangertour.de

Café Rosenstr. N°12

Rosenstr. 12 .
19306 Neustadt-Glewe

Telefon: (038757) 59639

Wir bieten Ihnen:

* Kaffee-, Kakao- und Espressospezialitäten
* Hausgebackene Torten & Kuchen sowie Eis
* Gestaltung Ihrer Feierlichkeiten
* Filmabende, Lesungen, DIA-Vorträge

Geöffnet: Dienstag - Sonntag 14.00 - 18.00 Uhr

Lewitz Fisch

- Besatzfische
- Speisefische
- Angelbetrieb
- Plattenservice

Hermann Stahl
Inhaber

Am Karpfenteich 1, 19306 Neustadt-Glewe
Telefon 03 87 57 / 2 22 32, Telefax 03 87 57 / 54 97 77
Funk 01 75 / 9 34 79 96, 01 60 / 97 07 72 06

Gaststätte "Lütt Hus"

Neustädter Str. 9
19306 Neuhof

Telefon: (038757) 22525

Täglich ab 11 Uhr geöffnet
Mittwoch Ruhetag

Hotel Glewe - *Erholen in Neustadt-Glewe*

* Hotel in ruhiger Lage mit kostenloser Parkmöglichkeit
* Günstige Übernachtung in gemütlicher Atmosphäre
* Alle Zimmer mit Dusche, WC, Kabelfernsehen und Telefon

Kontakt: Hotel Glewe · Uwe Menke · Lederstraße 6 · 19306 Neustadt-Glewe
Telefon: (038757) 56 0 · Fax: (038757) 56 100

aktiv markt Grabow

EDEKA

Inhaberin: Ingrid Grabow

Für Sie in Neustadt Glewe!

Brauereistraße Neustadt-Glewe
Telefon: (038757) 22659 · Fax: (038757) 55696

Freundliche Bedienung, die Frische, das Sortiment, die Qualität, alles möchte ich Ihnen bieten. Das persönliche Gespräch und Tipps für den täglichen Einkauf sollen bei meinen Kunden Vertrauen schaffen, so dass Sie immer wieder gerne bei mir einkaufen.

Jagdschloss in Friedrichsmoor - *Im Herzen der Waldlewitz*

* Restaurant, Café und Kaminzimmer mit regionalen Spezialitäten & Wild
* Hotel mit 10 individuellen DZ und Gartensaal mit historischer Tapete
* Festsaal für Veranstaltungen und Familienfeiern mit bis zu 80 Gästen
* Pferdezucht - Lewitzschecken und Araber

Kontakt: Jagdschloss Friedrichsmoor · Familie D. & S. Stang · Schlossallee 10 · 19306 Friedrichsmoor
Tel.: (038757) 54571 · Fax: (038757) 549991 · jagdschloss-friedrichsmoor@web.de · www.jagdschloss-friedrichsmoor.de

D-EMMX

Kostbare Stiel-Eichenallee in Wöbbelin

Die Gemeinde Wöbbelin – *Das Dorf der knorrigen Eichen*

Wöbbelin

Wöbbelin steht für die slawische Ortsbezeichnung „Woppelin" was „Brandrot" bedeutet. Graf HEINRICH III. VON SCHWERIN ließ diese Ortsbezeichnung am 30. November 1333 anlässlich einer genauen Grenzfestlegung niederschreiben.

Bereits im 15. Jahrhundert wurde der Ort durch das Amt Neustadt verwaltet samt der hier lebenden 7 „Hufner". Deshalb fällt auch in diesem Zusammenhang die Bezeichnung „Hufendorf". 1621 werden das Amt Neustadt und das Domanialdorf[1] Wöbbelin Bestandteil des Herzogtums Mecklenburg-Schwerin.

Kämpfen, beten und arbeiten

Bereits 1751 gab es hier eine Schule. Diese war in einer Scheune untergebracht, die 1906 einem Feuer zum Opfer fiel. Als Ersatz konnte im gleichen Jahr eine neue Schule gebaut werden. Unterricht gab der Schulmeister JOHANN FRIEDRICH LACHS.

In Wöbbelin ist auch der Dichter THEODOR KÖRNER[2] beigesetzt. Im Kampf gegen die Franzosen wurde er am 26. August 1813 bei Rosenow tödlich verletzt. Zum Gedenken an den mecklenburgischen Freiheitskämpfer errichtete man von 1865 bis 1868 eine Ehrenhalle und 1879 eine Bronzebüste in Wöbbelin.

Mitte des 19. Jahrhundert konnten bereits 18 Erbpachthöfe sowie 21 Büdnereien gezählt werden. So wuchs die Bevölkerungszahl bis 1850 auf 607 Einwohner. Um auch in Wöbbelin Gottesdienste wetterunabhängig durchführen zu können, baute man von 1878 bis 1879 die evangelisch-lutherische Kirche. Sie besitzt die Form eines einschiffigen, neugotischen Backsteinbaus. Im Glockenturm hängen seitdem 2 Glocken, die zusammen mit der Kirche am 26. Oktober 1879 geweiht wurden. 1902 wurde eine Straße nach Neustadt-Glewe gebaut. Seit 1922 fließt der erste Strom durch die Wöbbeliner Häuser. Noch in den 1930er Jahren prägten viele mit Reet gedeckte Bauernhäuser den historischen Dorfkern. Ab 1935 hatte das Lewitzdorf eine freiwillige Feuerwehr. Bis dahin wüteten zahlreiche Brände, die nur unzureichend bekämpft werden konnten.

Neubeginn und Spezialitäten

Nach dem Ende des Zweiten Weltkrieges normalisierte sich das Leben allmählich. 161 Kinder konnten wieder zur Schule gehen und der Ganztagskindergarten wurde eingerichtet. 1953 begann das Funkamt mit der Ausstrahlung von Sendungen. In den 1970er Jahren wird das Dorf Dreenkrögen zum Wöbbeliner Ortsteil.

1983 feierten alle 900 Einwohner das 650-jährige Bestehen ihrer Gemeinde. In den folgenden Jahren floss Investitionen in eine moderne Beleuchtung der Rad- und Gehwege, in die neue Grundschule und Sporthalle sowie in ein Dorfgemeinschaftshaus. Sehenswert ist im besonderen Maße die Mahn- und Gedenkstätte Wöbbelin. Zu empfehlen sind auch der Erdbeer- und Spargelhof Denissen, in dessen Hofladen es regionale Spezialitäten zu kaufen gibt. Durch das Dorf verläuft die Bundesstraße 106. An dieser Straße stehen beidseitig zahlreiche zum Teil sehr alte, knorrige Stiel-Eichen. Diese kostbare Eichenallee ist wirklich eine Augenweide. Natürlich kann man in Wöbbelin auch kostengünstig übernachten und sich in zwei Restaurants stärken. Wer den natürlichen Badespaß sucht, kann diesen im Badesee Dreenkrögen finden.

---

1 Domanialdörfer waren Eigentum der Landesfürsten und wurden durch die landesfürstlichen Finanzbehörden (Kammer) verwaltet.

2 Der Dichter Theodor Körner feierte das Korps die „Lützower Jäger" oder „Schwarze Schar" im Gedicht „Lützows wilde, verwegene Jagd", vertont von Carl Maria von Weber.

Ev.-luth. Kirche

Badesee in Dreenkrögen

Theodor Körner Museum und Mahn- und Gedenkstätte

Niederdeutsches Hallenhaus

Die Holländer-Galerie Mühle in Banzkow

Goldenstädt und Jamel

Am westlichen Rand des Lewitzbeckens liegen die Lewitzdörfer Goldenstädt und Jamel. Goldenstädt heißt übersetzt „goldene Stätte". 1285 verkaufte Graf HELMOLD III. ZU SCHWERIN die Dörfer Lositz und Goldenstädt an das Kloster Reinfeld in Holstein. Hierauf beruht die Ersterwähnung des Dorfes.

Jamel wird am 9. März 1407 gleich in zwei Urkunden namentlich erwähnt. Der Ortsname ist von dem slawischen „jablu" abgeleitet und heißt soviel wie Apfelbaum. Jamels Gründung basiert auf einem herzoglichen Hof, der auf sandigem Boden errichtet wurde. Später ist dieses Anwesen auch als Bau- und Viehhof genutzt worden. Ebenso war er fürstlicher Aufenthaltsort, um in den umliegenden landesherrlichen Wäldern größere Jagden durchführen zu können.

Geschäftshaus und Gaststätte Karl Schultz um 1930

Foto: Chronik Goldenstädt 2008

Glauben und Krieg

Mit der im 14. Jahrhundert erbauten Dorfkirche besitzt Goldenstädt eines der ältesten Gotteshäuser in der Umgebung. Das Äußere der Kirche wurde umfangreich saniert. Außerdem erhielt das separat angeordnete hölzerne Glockengestühl eine neue Dacheindeckung. Goldenstädt wurde während des Dreißigjährigen Krieges[1] vollständig zerstört. Dadurch verschlechterten sich die Lebensumstände der leibeigenen Bauern. Um die Ernährungssituation der ländlichen Bevölkerung zu verbessern, wurde in den landesherrlichen Wäldern die Schweinemast gefördert. Zusätzlich ging man der Schafzucht nach.

Doch nicht nur friedfertige Handlungen kennzeichneten diesen Siedlungsraum. Bei Jamel und Mirow fand 1730 eine erbitterte Schlacht statt. Hier standen sich die Reichstruppen von Hannover und Lüneburg des römisch-deutschen Kaisers KARL VI[2] und das schlecht ausgerüstete Heer des Herzogs KARL LEOPOLD ZU SCHWERIN[3] gegenüber. Auch unter der Bezeichnung Bauernkönig bekannt, erlitt KARL LEOPOLD eine bittere Niederlage.

1 Der Dreißigjährige Krieg wütete von 1618 bis 1648.

2 Kaiser Karl VI lebte von 1685 bis 1740.

3 Herzog Karl Leopold zu Schwerin lebte von 1678 bis 1747.

Wertvolle Baumallee zw. Goldenstädt und Friedrichsmoor

Altar der ev.-luth. Kirche in Goldenstädt

Ev.-luth. Kirche in Goldenstädt

Totholz mit Zunderschwamm

Entwicklung zum Positiven

Bei der Volkszählung von 1890 lebten in Goldenstädt 325 Einwohner. 1950 sind Goldenstädt und Jamel zu einer Gemeinde zusammengelegt worden. Nach dem Zusammenschluss beider Dörfer begann eine positive Entwicklung. Darunter fiel 1969 die Anbindung Jamels an das öffentliche Straßennetz.

Goldenstädt feierte 1985 sein 700-jähriges und 2010 sein 725-jähriges Gründungsjahr. 2007 konnten Jamel und seine Gäste das 600-jährige Gründungsjahr gebührend feiern. Zwischen Mirow und Jamel verläuft ein alter Landweg. Der Renal e.V.[1] legte hier den etwa 2 km langen Naturlehrpfad „Schwarzer Damm" an. Auf diesem Damm kann der Naturfreund ca. 60 Baumarten kennenlernen und einen Blick über die weite Lewitzlandschaft werfen. Ein weiteres Naturerlebnis findet man am Ortsrand von Goldenstädt. Hier befindet sich ein neu angelegtes Naturlabyrinth, das zum Entdecken und Verweilen einlädt. Zwischen verschiedenen Wildobstbaumarten, Kräutern und einem Insektenhotel lassen sich so manche Naturbeobachtungen machen. Inmitten des Labyrinthes steht ein Aussichtsturm, von dem man das gesamte Gelände ausgezeichnet überblicken kann.

Beide Lewitzdörfer sind heute Ortsteile der Gemeinde Banzkow und liegen am westlichen Rand der Waldlewitz. Nicht nur ausgedehnte Rad- und Wandertouren sind von hier aus möglich. Von Jamel führt ein gut befahrbarer Rad- und Wanderweg nach Friedrichsmoor oder zur neuen Gaartzer Brücke. Auf diesem Übergangs- und Aussichtspunkt hat man einen schönen Rundblick auf die umliegende Waldlewitz sowie auf den Störkanal. Am Störkanal verläuft ein weiterer naturnaher Radweg, auf dem Sie in das nördliche Lewitzgebiet gelangen.

---

1 Renal e.V. steht für Regionales Entwicklungsprojekt für eine nachhaltige Landnutzung im Amtsbereich Banzkow.

Waldteppich aus Busch-Windröschen bei Jamel

Forsthaus in Jamel

Mirow

Der Name des Ortes deutet auf eine slawische Siedlung hin und bedeutet soviel wie „friedliche Stätte". In der ersten urkundlichen Erwähnung im Jahre 1270 wird von einer Überschreibung Mirows an das Kloster Reinfeld in Holstein berichtet.

Von 1534 bis in die zweite Hälfte des 17. Jahrhundert wurde die alte Mirower Mutterkirche dem Pfarrsprengel zu Uelitz zugewiesen. In diesem Zeitraum hatten die Dörfer Goldenstädt und Mirow keinen eigenen Pastor. Im mecklenburgischen Ortsverzeichnis von 1739 ist die Siedlung als Dorf im herzoglichen Domanium[1] aufgeführt.

Hartes Leben

Bis 1820 waren die Mirower Bauern mit ihren Knechten und Tagelöhnern Untertanen des herzoglichen Verwaltungsbereiches. Das änderte sich erst allmählich nach der Aufhebung der Leibeigenschaft. 1847 fand die Neuregulierung[2] der Bauernhufen auch in Mirow statt. Jeder Hauswirt konnte von nun an eine Ackerkoppel in der Feldmark und drei Weidekoppeln in der Wiesenniederung erhalten. Die Neuregulierung ermöglichte hier sogar einen bescheidenen wirtschaftlichen Aufschwung. Die evangelisch-lutherische Kirche wurde zwischen 1842 und 1845 im neugotischen Stil erbaut. Der Kirchturm entstand erst 1873 bis 1874 für 8135 Mark. Hier hängen zwei Kirchglocken, die einen Durchmesser von 0,89 m und 0,70 m besitzen.

Vor 1842 gab es bereits eine Dorfschule. Das Gebäude war mit Reet gedeckt und besaß einen Klassenraum sowie eine Lehrerwohnung. Immerhin lernten hier damals acht Grundschulklassen das Lesen, Schreiben und Rechnen. In der angrenzenden Schulscheune bereiteten die Schüler ihre gesammelten Heilkräuter auf. Ebenso ging hier der Dorfschullehrer einer bescheidenen Landwirtschaft nach. Von 1878 bis 1909 leitete ADOLF KOHAGEN die Mirower Dorfschule. In dieser Zeit pflanzten er und seine Schüler eine wertvolle Lindenallee, die bis heute das ganze Dorf prägt.

Heuernte und Frühschoppen

Ende des 19. Jahrhundert war die Landwirtschaft für die Bauern nach wie vor der Haupterwerbszweig. Die Mirower Bauern fuhren mit Ochsen- oder Kuhgespannen in die Lewitzniederung, um Heu zu machen oder Nassfutter zu ernten. Erst später hatten Pferdegespanne diese Arbeit übernommen. Die Feldwege waren in dieser Zeit oftmals in einem erbärmlichen Zustand, was zu zahlreichen Achsen- und Radbrüchen führte. Bereits in den 1930er Jahren gab es im Dorf eine Trachtengruppe. Ebenso war eine Gaststätte vorhanden. Hier traf man sich am Sonntagvormittag zum gemeinsamen Frühschoppen.

Seit 1950 besitzt Mirow auch eine freiwillige Feuerwehr. 27 Jahre später konnten die Kameraden ihr neues Feuerwehrhaus in Besitz nehmen. Mitten im Dorf steht eine restaurierte, mit Reet gedeckte Büdnerei. In dieser schufen sich Jugendliche von 1977 bis 1980 ein Klubhaus. Neben diesem Gebäude prägen noch weitere mit Reet gedeckte und liebevoll restaurierte Bauernhäuser das Dorfbild.

Wer in Mirow übernachten möchte, ist bei der Familie Voß gut aufgehoben. Hinter dem erstklassigen Ferienhaus hat man einen einzigartigen Blick auf die weite Wiesenlandschaft. Boots- und Kanutouren können Sie bei HORST FOESE aus Mirow oder bei MARIO GURTLER aus Garwitz buchen. Mirow ist auch ein ausgezeichneter Startpunkt, um zu Fuß oder mit dem Fahrrad die weite Lewitzlandschaft zu durchstreifen oder einen Abstecher nach Lübesse oder Banzkow zu unternehmen.

---

1 Bedeutet Staatsbesitz.

2 Dieser Vorgang wird auch als Separation bezeichnet.

v.-luth Kirche in Mirow

Wiesenlewitz bei Mirow

iederdeutsches Hallenhaus

Naturlehrpfad am Schwarzen Damm

Alte Lindenallee in Mirow – Foto: Karl-Georg Haustein

Banzkow

Der Ortsname bedeutet soviel wie „Jagdgebiet" und wurde bereits 1300 in einer Urkunde erwähnt. Schon 1337 verfügte das Dorf über eine Wassermühle, in der bis 1872 Getreide gemahlen wurde. Fürstliche Residenz war Banzkow bereits im Spätmittelalter.

Ev.-luth. Kirche in Banzkow

Alles fließt

Im Jahr 1534 baute man eine Brücke über die Stör, die als Übergang für den Hamburger Frachtweg diente. Bis Ende des 19. Jahrhundert war dieser Weg eine wichtige Frachtstraße. 1880 nutzten über 100 Frachtwagen die Querung, und das an nur einem einzigen Tag. Zur besseren Schiffbarkeit und Regulierung der Stör errichtete man um 1530 die Banzkower Schleuse. Seitdem konnten sogar Handelsschiffe die Stör befahren. 1576 fuhr das erste Handelsschiff von Dömitz über die Elde die Stör entlang bis nach Schwerin. In den Jahren 1861 bis 1863 passierten pro Jahr bis zu 480 Kähne und 653 Holzflöße die Banzkower Schleuse. Deshalb wurde zwischen 1889 und 1898 der Verlauf der Stör umfangreich kanalisiert.

Banzkow erlebte im 19. Jahrhundert eine wirtschaftliche und kulturelle Entfaltung. Diese führte zum Bau und 1872 zur Einweihung der neugotischen Backsteinkirche. Um 1873 wohnten in Banzkow bereits 935 Einwohner. Eine verbesserte Verkehrsanbindung zwischen den mecklenburgischen Städten Parchim und Schwerin schuf die Mecklenburgische Friedrich-Franz-Eisenbahngesellschaft. Die Eisenbahnlinie verlief zwischen Parchim, Crivitz, Plate und Schwerin und konnte 1880 feierlich übergeben werden. 1889 bekam das Lewitzdorf eine neue Schule.

Restaurierte Büdnerei in Banzkow

Ev.-luth. Kirche in Banzkow

Mühlen und Menschen

Am Südwestrand des Dorfes entstand 1760 die Bockwindmühle. 1874 baute man neben der Bockwindmühle die Holländer-Galerie-Mühle, in der noch bis 1958 Getreide gemahlen wurde. 1974 bis 1976 durch die LPG[1] „Clara Zetkin" zu einem rustikalen Ausflugsziel umgebaut, ist die Mühle bis 1994 als Gaststätte genutzt worden. Bis heute steht das Mühlengebäude unter Denkmalschutz und wird als erstklassiges Hotel mit Solebad genutzt. Eine weitere exklusive Übernachtungsstätte findet man im Trend Hotel. Im Haus befinden sich gemütlich eingerichtete Gästezimmer, eine empfehlenswerte Gaststätte, eine exklusive Saunalandschaft und das Störtal-Museum.

Neben dem Störtal e.V. und Renal e.V. gibt es noch zahlreiche Vereine, die den Lewitzort positiv mit Leben erfüllen. Banzkow ist seit 1992 Verwaltungssitz des gleichnamigen Amtes. Zu diesem gehören die Lewitzdörfer Banzkow, Mirow, Goldenstädt, Jamel, Plate, Peckatel, Consrade, Sukow und Zietlitz. Ein Höhepunkt war die 700-Jahrfeier, die im Jahre 2000 feierlich begangen wurde. Seit 2009 sind Jamel und Goldenstädt Ortsteile der Gemeinde Banzkow.

Die äußerst positive Entwicklung zu einem der schönsten Dörfer in Mecklenburg-Vorpommern wurde 2007 mit Bundesgeld und 2010 mit einer Silbermedaille bei Entente Florale honoriert.

Seit 2007 befindet sich eine Tourismusinformation in Banzkow, die als kompetente Koordinierungs- und Vermittlungsstelle für den Tourismus in der Lewitzregion tätig ist. Schwerpunkte sind der Rad-, Reit-, Wasser- und Wandertourismus. Von Banzkow aus sollten Sie mit dem Fahrrad an der Stör entlang zur Gemeinde Plate fahren.

Holländer-Galerie Mühle und Bockwindmühle in Banzkow 1909 – Archiv: Störtal e.V. – Foto: Verlag Paul Gabbe

1 Landwirtschaftliche Produktionsgenossenschaft.

Schleuse in Banzkow

Tourist-Information Banzkow

Unsere Leistungen:

* Auskünfte zu Sehenswürdigkeiten, Veranstaltungen sowie Rad- und Wanderwegen
* Vermittlung von Fahrten mit dem Lewitz-Kieker Albert
* Vermittlung von Ferienunterkünften, Gästeführungen und Kremsertouren
* Prospektmaterial und Radwanderkarten
* Lewitz-Souvenirs, u.v.m.

LEWITZ
WEITES WIESENLAND

TOURIST
i
INFO

Tourist-Information Banzkow
Tel: 03861- 30 29 772
e-mail: info@lewitz-landschaft.de www.lewitz-landschaft.de

Holländer-Galerie Mühle heute

*** * * * Ferienwohnung Storchenvoss** - *Natur pur*

* Urlaub machen, entspannen und erleben
* 2 FW, 100 m², 1 WZ, 2 SZ, Küche, Bad, Terrasse und Garten
* Familienfreundliche FW mit Blick in das Storchennest und in die Lewitz
* Radwander- und Wandermöglichkeiten mit geführten Radwanderungen

Kontakt:
Ferienwohnung Storchenvoss
Familie Hartmut Voß
Unter den Linden 22 · 19079 Mirow
Telefon: (03861) 300 548 · Mobil: (0162) 676 80 46
E-Mail: storchenvoss@arcor.de
Internet: www.storchenvoss.de

Gemeinde Banzkow
Mit den Ortsteilen Banzkow, Goldenstädt, Jamel und Mirow

* Direkt am Europäischen Vogelschutzgebiet Lewitz
* Ortstypische historische Baudenkmäler
* Erholen und Entspannen in Hotels und Ferienwohnungen
* Radfahren, Wandern, geführte Bootstouren, Gästeführungen

Kontakt:
Amt Banzkow
Schulsteig 4 · 19079 Banzkow
Telefon: (03861) 550 20 · Fax: (03861) 55 02 55
E-Mail: verwaltung@amt-banzkow.de · Internet: www.amt-banzkow.eu

Der Lewitz-Kieker auf der Stör in Plate

Die Gemeinde Plate – *idyllisch am Störkanal gelegen*

Plate

Bei den Wenden war der Ort als „plotü" bekannt, was soviel wie „Zaunort" oder „Zaundorf" bedeutet. Die erste urkundliche Erwähnung als „Plote" erfolgte am 24. Oktober 1191 durch Papst COELESTIN III. 1326 ist die Burg in Plate durch den BISCHOF VON SCHWERIN eingenommen und zerstört worden. Dabei erlitt Graf HEINRICH VON SCHWERIN eine bittere Niederlage. Im 14. Jahrhundert kaufte Herzog ALBRECHT VON MECKLENBURG die Grafschaft Schwerin und wurde damit auch Herr über Plate. Seit 1518 ist das Lewitzdorf als „Kirchort" für die Gotteshäuser in Banzkow, Consrade und Peckatel verantwortlich. 1669 lebten im Ort nur noch 44 Einwohner. Ursache für diesen katastrophalen Bevölkerungsschwund war der Dreißigjährige Krieg.

Wasser und Schiene

1751 verlief ein viel befahrener Landweg durch das Dorf. Dieser Weg führte auch über die Stör und verband die Städte Parchim und Schwerin. Um 1770 hatte die Stör noch eine sehr gute Wasserqualität, so dass die Plater Bürger hier ihr Trinkwasser holten.

In Plate stand bis 1849 die alte Fachwerkkirche. Im gleichen Jahr wurde sie abgerissen und durch eine neue, neugotische Backsteinkirche ersetzt. In diesem sakralen Bau hängt seit 1862 das Altarbild „Christus in Gethsemane", das der Porträtmaler HEINRICH POMMERENKE schuf und der Kirchgemeinde schenkte. Ende des 19. Jahrhundert verbesserten sich die harten Lebensbedingungen für die Dorfbewohner. Auch deshalb erhöhte sich die Einwohnerzahl bis 1873 auf 729 Menschen. Einen weiteren Aufschwung brachte 1888 der Bau der 92,14 km langen Bahnstrecke zwischen Parchim und Schönberg. Diese Bahnverbindung verlief über Crivitz, Schwerin, Gadebusch und Rhena. Am 2. September 1888 konnte die Teilstrecke Schwerin Crivitz feierlich eröffnet werden. Sechs Jahre später gab es in Plate bereits eine Poststation, eine Dorfschule, eine Industrieschule, einen Ortsvorsteher, zwölf Erbpächter, einen Müller, 42 Büdner, einen Krüger, 43 Häusler sowie einen Schmied. Der Störübergang bestand bis 1927 aus einer hölzernen Zugbrücke. Als Ersatz baute man eine eiserne Portalbrücke, die 61 Jahre genutzt werden konnte. Erst 1991 ist sie durch eine stählerne Hubbrücke ersetzt worden. Auch Plate verfügte über eine Getreidemühle. Sie stand am Rande des Dorfes und fiel in den 1960er Jahren einem verheerenden Brand zum Opfer.

Neuanfang und Tourismus

Nach 1950 begann in Plate eine gute Zeit. Der Neubau des Kindergartens, des Einkaufszentrums, der Sportanlage und neuer Wohnhäuser sind ein Ausdruck dafür. Außerdem entstanden eine Konserven- und Marmeladenfabrik und die Bibliothek. 1991 feierten Plate und seine Gäste die 800-Jahrfeier. Nach 1991 stieg die Einwohnerzahl beachtlich. Zwei Einkaufsmärkte und die neue Grundschule wurden gebaut. Dieses positive Gesamtbild ergänzen zahlreiche Dienstleistungsunternehmen, die Plate zu einem begehrten Wohn- und Urlaubsort machen. Interessant ist nicht nur die idyllische Lage am Störtal und am Störkanal. Auch das Vorhandensein eines Feuerwehrmuseums, einer Apotheke und verschiedener Ärzte sind nicht selbstverständlich. Von Plate oder Banzkow aus kann der Naturfreund mit dem „Lewitz-Kieker" auf der Stör fahren und dabei die einzigartige Natur genießen. Wer ein Fahrrad benötigt, kann dieses bei SANDRA BÖHM vom Fahrradservice „Lewitz-Radler" günstig ausleihen. Empfehlenswert ist auch eine Fahrradtour in die Plater Ortsteile Peckatel und Consrade.

Ev.-luth. Kirche in Plate

Geführte Schiffstouren durch die Lewitz

Fahrradvermietung Lewitz-Radler in Plate – Foto: Herbert Weisrock

Restaurierte Büdnerei in Plate

Peckatel

In einem alten slawischen Siedlungsgebiet liegt der Plater Ortsteil Peckatel. Peckatel bedeutet „Kesselort“ und weist auf ein slawisches Rundlingsdorf hin. Die Bezeichnung Rundlingsdorf trifft zu, da die wendischen Flechthäuser mit dem Giebel zum gemeinsamen Dorfplatz zeigten und so eine runde Dorfform entstand.

Grafen, Ritter und Glauben

Im 13. Jahrhundert gehörte Peckatel zum gräflichen Lehen des Grafen GUNZELIN VON SCHWERIN. Damals hatten die Herren VON HASENKOP Peckatel als Lehen zugewiesen bekommen. Die adligen Lehnsmänner waren Herzog ALBRECHT VON MECKLENBURG zu Diensten verpflichtet. Im 15. und 16. Jhahrhundert ging das Lehen an die Ritter VON PLESSEN über. Deren Besitz wechselte 1591 für 9500 Mark an Herzog JOHANN VON SCHWERIN und wurde somit sein herzogliches Eigentum und ein wichtiges Gut.

Zwischen 1541 und 1596 ließ hier der mecklenburgische Klerus eine Kapelle errichten. Diese Anbetungsstätte und das Dorf sind im Dreißigjährigen Krieg zerstört worden. Jedoch blieb es Eigentum des Herzogs VON MECKLENBURG. Nach den Kriegswirren wanderten hier deutsche Bauern ein und errichteten 10 Hufen[1]. Erst 1721 wurde eine neue Kapelle gebaut, die aus Fachwerk besteht und bis heute erhalten werden konnte. Die barocke Ausstattung mit der reich bemalten, verzierten Kanzel[2], dem beschrifteten Altar und dem im Zentrum des Altars befindlichen Gemälde „Abendmahl“ stellen eine wahre Kostbarkeit dar.

In den 1970er Jahren ist die Kapelle innen und außen saniert worden. Dabei musste das Innere der Kirche abgesenkt und gleichzeitig der Altar und die Kanzel gekürzt werden. Heute besitzt die Peckateler Kirche sogar eine Fußbodenheizung und ist die kleinste Fachwerkkirche in Norddeutschland. Sie sollten unbedingt die kleine Dorfkirche besuchen und ihre nicht alltägliche Architektur und Ausstattung in Augenschein nehmen.

Büdner und Neubürger

Im 19. Jahrhundert entstanden in Richtung Plate, Raben Steinfeld und Zietlitz zahlreiche Häuserzeilen für Büdner[3] und Häusler[4]. Zu Beginn des 20. Jahrhundert gab es auch in Peckatel eine Dorfschule. Diese hatte immerhin zwei Klassenräume und eine Lehrerwohnung. Nach der deutschen Wiedervereinigung veränderte sich das gesamte Dorfbild zum Positiven. Nicht nur viele alte Häuser konnten aufwendig saniert werden. Auch das gesamte Straßen- und Wegenetz erhielt eine neue Decke. Diese und andere Maßnahmen ließen das Lewitzdorf zu einem beliebten Wohnort werden. Auch deshalb stieg die Bevölkerungszahl bis zum Jahr 2000 auf 1215 Einwohner.

Nach Ihrem Aufenthalt in Peckatel sollten Sie auch den Plater Ortsteil Consrade besuchen. Die Fachwerkkirche in Consrade steht der in Peckatel an Schönheit und Eigenart in nichts nach.

---

1 Hufe ist eine alte deutsche Maßeinheit für den bäuerlichen Grundbesitz oder Fläche, die zum Lebensunterhalt für eine bäuerliche Familie nötig war.

2 Die Kanzel und der Beichtstuhl waren miteinander verbunden. Sie hatten auch die Aufgabe einer Sakristei.
Als Sakristei wird ein Kirchenraum für einen Geistlichen bezeichnet.

3 Als Büdner bezeichnete man Kleinbauern.

4 Häusler oder Tagelöhner waren Lohnarbeiter auf den landwirtschaftlichen Gütern.

.-luth. Fachwerkkirche in Peckatel – kleinste Fachwerkkirche Norddeutschlands

Consrade

Vom 13. Februar 1265 stammt eine Urkunde des Grafen GUNZELIN VON SCHWERIN, in der die deutsche Ansiedlung „Conradesrothe" erstmalig erwähnt wurde. Damals war das Dorf im Besitz des Zisterzienserklosters[1] Reinfeld in Holstein. Genauso wie die Dörfer Banzkow und Peckatel gehörte Consrade im 16. Jahrhundert zur Filialkirche Plate.

Kirche und Gutshof

Auf 1534 datiert die Erwähnung der kleinen Fachwerkkirche, die als „Tochterkirche" zur „Mutterkirche" in Plate gehörte. Fast 300 Jahre dauerte es, bis die Dorfkirche 1831 renoviert und vor dem Verfall gerettet werden konnte. Neben dem aus Pirnaer Sandstein bestehenden neuen Altar, der Kanzel, den beiden gotischen Holzfiguren und dem gotischen Taufstein bildet die restaurierte, mit einem Blasebalg angetriebene Orgel das Herzstück des Kirchenbaus.

In Consrade gab es sogar einen Klosterhof. An dessen Stelle errichtete man 1563 einen herzoglichen Gutshof, den sogenannten „Meierhof". Schon 1706 war die Dorfschaft Plate gegenüber dem Hof Consrade dienstverpflichtet. Auch in Consrade gab es bereits 1756 eine Dorfschule. Die hier lebenden Bauern schickten ihre Kinder jedoch nur im Winter zur Schule. Der damalige Pastor B. CALANDER fand das nicht statthaft und beschwerte sich deswegen beim herzoglichen Amt.

Landflucht und Wiederaufbau

Um die Landflucht der leibeigenen Landbevölkerung zu stoppen, ermöglichte man ab 1753 die Ansiedlung mecklenburgischer Kleinbauern. Eine Auswirkung davon war ebenso der Zuzug von Handwerkern und Gewerbetreibenden. 1830 lebten hier immerhin zwei Weber, ein Maurer, ein Radmacher, ein Schneider und ein Schuster. Später wurden hier ein Holzwärter, ein Schmied, ein Zimmerer, ein Pantoffelmacher, ein Ziegler sowie ein Lehrer sesshaft. Außerdem errichtete man am Dorfrand eine Holzwärterei, das spätere Forsthaus, das bis heute existiert. So stieg die Einwohnerzahl bis 1873 auf 286 Einwohner. Trotz dieser positiven Entwicklung gab es im Dorf bereits 1830 ein Armenhaus. Armenhäuser waren zu dieser Zeit fast überall in Mecklenburg vorhanden. Bis 1880 war Torf auch für die Consrader ein wichtiger Rohstoff. So wurde das „Braune Gold" mit Kähnen nach Schwerin „getreidelt"[2], um es im dortigen Schloss zu verheizen. Keine Pferde, sondern kräftige Männer benutzten den Pfad und „treidelten" die Torfkähne stromaufwärts.

1944 wütete ein großer Brand im Dorf und zerstörte ein 300 Jahre altes Bauernhaus. Dieses war mit Reet gedeckt und zählte wohl zu den ältesten erhaltenen Bauernhäusern im Nordwesten Mecklenburgs.

Nach 1945 und nach 1990 hat Consrade sein Ortsbild umfassend verschönert. Außerdem zogen viele junge Familien ins Dorf, die sich hier ein neues Heim schufen. Zu empfehlen ist eine Besichtigung der restaurierten Fachwerkkirche. In ihrem renovierten Altarraum ist das Orgelspiel ein wirkliches Hörerlebnis. Rasten oder übernachten können Sie in der Gaststätte „Zum Fässchen", um anschließend in die mecklenburgische Landeshauptstadt Schwerin weiterzuradeln.

---

1 Die Zisterzienser sind ein christlicher Orden, der sich im 12. Jahrhundert gründete.

2 Als Treideln bezeichnet man das Ziehen von Lastkähnen stromaufwärts eines Fließgewässers, das vor allem durch menschliche Muskelkraft bewirkt wurde.

.-luth. Fachwerkkirche in Consade

Gemeinde Plate

Mit den Ortsteilen Peckatel, Plate und Consrade

* Am reizvollen Störtal gelegen
* Kleinste Fachwerkkirche Norddeutschlands in Peckatel
* Fachwerkkirche in Consrade
* Fahrradservice Lewitz Radler in Plate
* Fahrten mit dem Lewitz Kieker auf der Stör

Anschrift:
Gemeinde Plate · Störstraße 17 · 19086 Plate

Kontakt:
Amt Banzkow · Schulsteig 4 · 19079 Banzkow
Telefon: (03861) 550 20 · Fax: (03861) 55 02 55
E-Mail: verwaltung@amt-banzkow.de
Internet: www.gemeinde-plate.eu

Blick auf das Schweriner Schloss

Die Landeshauptstadt Schwerin – *Die Stadt der sieben Seen*

Ursprünglich waren es slawische Siedler, die in dieser wasserreichen Landschaft lebten und eine befestigte Siedlung errichteten. Diese Grenzburg der Obotriten[1] wurde im 11. Jahrhundert als „Zuarin" urkundlich erwähnt. Die spätere Bezeichnung „Zvarin" könnte „wildes Tier" oder „Wild" bedeuten.

Altes Fachwerkhaus von 1698

Zentrum der Macht

Im 12. Jahrhundert eroberte der Sachsenherzog HEINRICH DER LÖWE[2] „Zvarin" von den Obotriten. Er gründete die Stadt 1160 und stiftete den ersten Dom. Das mächtige Bauwerk wurde 1171 durch den Schweriner Bischof BERNO geweiht.

Im 14. Jahrhundert entwickelte sich die Stadt unter Herzog ALBRECHT III. zum politischen und kulturellen Zentrum Mecklenburgs. Erst im 16. Jahrhundert setzte sich der Stadtname „Schwerin" durch. 1531, 1558 und 1651 wüteten große Brände und legten Schwerin in Schutt und Asche. Nach 1705 begann man damit, viele Häuser aus Stein zu bauen, was die Brandgefahr stark verringerte. Spätere Ortsteile entstanden, darunter auch die heutige „Schelfstadt". Hier steht die evangelisch-lutherische Kirche St. Nikolai, die ebenfalls die Bezeichnung „Schelfkirche" trägt. 1713 wurde sie vom Mecklenburgischen Herzog FRIEDRICH WILHELM I. eingeweiht. Weitere sehenswerte Kirchenbauten sind die Paulskirche, die Schlosskirche und der Schweriner Dom. Ebenso sollten hier die katholischen Kirchen St. Anna, St. Andreas und St. Martin genannt werden.

Im 19. Jahrhundert entstanden viele repräsentative Bauten. Zu nennen sind hier das Schweriner Schloss, das Neue Rathaus, das Schauspielhaus und der Marstall. Daran hatte der geachtete Hofbaurat GEORG ADOLPH DEMMLER[3] einen großen Anteil. 1890 konnte das heutige Bahnhofsgebäude übergeben werden, das im Stil der Gründerzeit errichtet worden ist. Bereits 1904 produzierte das neu erbaute Elektrizitätswerk Strom für die Schweriner Bürger.

In den 1950er Jahren wurde Schwerin Bezirkshauptstadt und erreichte die Einwohnerzahl von über 96000. Starker Wohnraummangel ließ die umstrittenen Großprojekte wie die Weststadt, den Großen Dreesch und das Wohngebiet Lankow entstehen. Das Wahrzeichen Schwerins, der Schweriner Fernsehturm, ist 1964 und das Freilichtmuseum Schwerin-Mueß ist 1970 eröffnet worden.

Ab 1991 sind viele historische Bauten restauriert und Stadtteile aufwendig saniert worden. Im Jahr 2010 feierten die Stadt, ihre Bewohner und zahlreiche Gäste das 850-jährige Stadtjubiläum.

---

1 Die Obotriten waren ein bedeutender slawischer Volksstamm. Herzog Heinrich der Löwe obsiegte über die Obotriten und deren Fürsten Niklot im Jahre 1160 und leitete damit die vollständige Christianisierung des Gebietes ein. Fürst Niklot war der Stammvater der Herzöge und Großherzöge von Mecklenburg.

2 Herzog Heinrich der Löwe lebte von 1129/30 bis 1195.

3 Hofbaurat Georg Adolph Demmler lebte von 1804 bis 1886.

v.-luth. Kirche St. Nikolai – Schelfkirche

Altar der ev.-luth. Kirche St. Nikolai – Schelfkirche

Freilichtmuseum in Mueß

chweriner Schloss

Naturparadies und Kulturperle

Schwerin ist die Landeshauptstadt des Bundeslandes Mecklenburg-Vorpommern. Sie liegt inmitten einer aus sieben Seen bestehenden, idyllisch anmutenden Landschaft. Die Schweriner Seenlandschaft ist deshalb als Europäisches Vogelschutz- und FFH-Gebiet ausgewiesen. Zahlreiche Brutvogelarten nutzen die Stadt, die Wasserflächen, den Schilfgürtel und angrenzende Wälder als Lebens- und Überwinterungsraum.

Junger Turmfalke

Hier brüten immerhin fünf Seeadler und zwei Fischadler-Brutpaare. Die große Rohrdommel, das Tüpfelsumpfhuhn, der Eisvogel, der Wachtelkönig sowie die Trauerseeschwalbe sind weitere Brutvogelarten. Von regionaler und überregionaler Bedeutung ist der außergewöhnlich hohe Brutbestand des Haubentauchers. In den dichten Schilfzonen der sieben Seen hat der Drosselrohrsänger ein beachtliches Brutvorkommen. Wasservogelarten wie Kolben-, Schell- und Reiherenten komplettieren diese beeindruckende Artenvielfalt. Neben der Vogelwelt ist der Fischotter im gesamten Schweriner Seengebiet vertreten. Hier liegt auch seine westliche Verbreitungsgrenze. Der Turmfalke nutzt die zahlreichen Kirchen als Brut- und Rastplatz. Von hier aus jagt dieser eindrucksvolle Greifvogel verwilderte Haustauben und Nagetiere.

Im Schweriner Ortsteil Medewege befindet sich ein interessanter Bio-Hof, der über ein gemütliches Hofcafé verfügt. Hier besteht die Möglichkeit, eine Mittagsmahlzeit einzunehmen oder aus dem liebevoll und frisch zubereiteten Kaffee-, Torten- und Kuchenangebot auszuwählen. Im angrenzenden Hofladen können Sie ökologisch erzeugte Lebensmittel und Produkte kosten und kaufen. Hier finden Sie auch leckere Bio-Backwaren, die aus der hofeigenen Mühlen-Bäckerei stammen. Übrigens sind Familien auf dem ebenfalls vorhandenen Kinderbauernhof herzlich willkommen. Der Hof Medewege kann durchaus als kreative Erlebnisstätte bezeichnet werden, wo Kinder zusammen spielen, Tiere beobachten und Tiere streicheln können.

Die umliegenden Wälder und Seen, der Schlosspark, zahlreiche geschützte Lebensräume und das vielfältige kulturelle Angebot machen die Landeshauptstadt zu einem Geheimtipp für Naturfreunde, Wassersportler und kulturinteressierte Menschen. Schwerin besitzt außerdem mit dem Mecklenburgischen Staatstheater, seinen zahlreichen Museen und Baudenkmälern, der Naturschutzstation Zippendorf, dem Technischen Landesmuseum, dem Planetarium, dem Zoologischen Garten, zahlreichen Hotels, Pensionen und Gaststätten alle Voraussetzungen für einen unvergesslichen Kurzbesuch oder mehrtägigen Aufenthalt.

Alter Markt mit Blick auf den Dom

Der Erzengel Michael auf der Kuppel des Schweriner Schlosses

Blick über den Schweriner Innensee auf den DOM und die Altstadt

Das Rabendenkmal in Raben Steinfeld

Raben Steinfeld – *Das nördliche Tor zur Lewitz*

1410 wurden dem Ritter HINRICH VON RAVEN das Dorf und die hier lebenden Bauern als grundherrliches Lehen[1] zugesprochen. Dieses Datum steht auch für die urkundliche Ersterwähnung des Ortes. Der Ortsname steht im engen Zusammenhang mit dem Begriff „Stenfeld", woraus die Bezeichnung „steiniges Feld" resultiert. Der Zusatz „Raben" kam erst 1683 hinzu, als die Familie RABEN das Gut an Oberst HELMUTH VON PLESSEN verkaufte. 1819 lebten im Dorf 124 Menschen. Nicht zuletzt war es der mecklenburgische Herzog FRIEDRICH FRANZ II.[2], der das Rittergut derer VON RAVEN 1848 zum großherzoglichen Hausgut erklärte.

Wald und Wasser

Die waldreiche Lage Raben Steinfelds ermöglichte eine ertragreiche Waldwirtschaft. Jedoch erst Oberforstmeister DIEDRICH VON PRESSENTIN legte hier von 1804 bis 1848 den Grundstock für die nachhaltige Forstwirtschaft. Das 1856 entstandene Forsthaus wurde im Schweizer Landhausstil gebaut. Dafür fertigten die Zimmerleute ein Fachwerk aus Eichen- und Kiefernholz an.

Dass Raben Steinfeld ein besonderes Fleckchen Erde darstellt, zeigte sich 1848. In diesem revolutionären Jahr begann der Hofgärtner THEODOR KLETT mit der Anlage eines bürgerlich-klassizistischen Parks. Das grüne Kunstwerk entstand ganz im Sinne des bekannten Landschaftsgestalters PETER JOSEF LENNÉ.

Einmalig für Mecklenburg sind auch die Doppelkaten, die von 1863 bis 1869 erbaut worden sind. Nach Entwürfen des Schweriner Hofbaurates HERRMANN WILLEBRAND errichtete man diese neugotischen Backsteingebäude im englischen Landhausstil. Weitere interessante Bauwerke entstanden. Dazu zählen zweifelsohne das 1887 erbaute Schloss und die 1910 eröffnete kaiserliche Post. Von 1947 bis 1995 war das Schloss Sitz der Landesforstschule, die sich später Ingenieurschule für Forstwirtschaft nannte.

Der Ort Raben Steinfeld besteht aus einem Unter- und einem Oberdorf. Noch 1894 wurden beide Ortsteile durch eine Drehbrücke verbunden. Westlich am Dorf fließt die Stör vorbei. Bis 1967 gewährleistete hier ein Fährbetrieb das regelmäßige Übersetzen.

Natur erleben

Durch den Ausbau des Wasserwanderrastplatzes und den Bau des Campingplatzes konnte auch hier eine touristische Infrastruktur entstehen. Weitere touristische Ausflugsmöglichkeiten sind der Findlingsgarten, das geologische Museum sowie die evangelisch-lutherische Kirche im Nachbardorf Pinnow. Berühmt ist Raben Steinfeld auch wegen seiner 34 alten, unter Naturschutz stehenden Stiel-Eichen. Zwei davon sind über 600 Jahre alt. Wer ein natürliches Badeerlebnis sucht, sollte von Raben Steinfeld nach Godern radeln. Das schmucke Dorf liegt am glasklaren Pinnower See und unterhält hier einen schönen Badestrand. Auf einem Rundweg lässt sich der Pinnower See umwandern, der im Naturpark „Sternberger Seenlandschaft" liegt. Mit etwas Glück kann man am Gewässer den Biber, den Fischotter oder den Eisvogel beobachten.

---

1 Grundbesitz im Mittelalter, den der Landesherr seinem Lehensmann für persönliche Gegenleistung zur Nutzung überlassen hat.

2 Herzog Friedrich Franz II. war einer der bedeutendsten Herzöge in Mecklenburg.

Campingplatz und Bootsanleger

Alte Stiel-Eiche und Naturdenkmal

Alte Post

Naturbadestrand in Godern

NSG Görslower Ufer

Die Stadt Crivitz und der Crivitzer See – Foto: Jörn Lehmann

Die Stadt Crivitz – *Im grünen Herzen Mecklenburgs*

Zwischen einer aus vier Seen bestehenden Kette errichteten die Wenden einen Priestersitz, den sie Krive[1] nannten. Mit der Zeit entwickelte sich diese Anbetungsstätte zu einer größeren Siedlung. Die slawischen Einwohner gaben ihr später den Namen „Kryvetze" oder „Criwisz".

Der Ortsname kann auch mit der Familie VON CRIVITZ zusammenhängen, die 1317 von dem Fürsten HEINRICH VON SCHWERIN die Dörfer Kladow und Kritzow als Lehen erhielt. Die eigentliche Stadtgründung Mitte des 13. Jahrhundert steht im Zusammenhang mit einer urkundlich verbrieften Entschädigung des Schweriner Domkapitels an den Schweriner Grafen GUNZELIN.

Das Amt Crivitz um 1500

Karte aus Chronik Raduhn

Stadtprivilegien und Franzosenzeit

Ab 1345 erhielt Crivitz wichtige Stadtprivilegien, die eine herausragende Stellung im Herzogtum Mecklenburg anzeigten. Diese Befugnisse schränkten die ritterlichen Rechte ein und gaben den Bürgern besondere Vorrechte. Eine freie Jagd und das Werben von Edelhölzern blieben ihnen jedoch untersagt.

Im 13. Jahrhundert errichteten die Crivitzer den ersten Kirchenbau, der im 14. Jahrhundert durch ein imposantes sakrales Gebäude ersetzt worden ist.

Um 1550 entstand aus den Vogteien Crivitz und Parchim das Amt Crivitz. Als herzogliches Amt beschäftigte es zwei Beamte, den Vogt und den Küchenmeister. Damals lebten in Crivitz ca. 500 Einwohner. Bereits im 16. Jahrhundert gab es in der Stadt ein blühendes Handwerk und ein starkes Gewerbe. Doch auch die vorhandenen Wasser-, Wind- und Motormühlen trugen später zur positiven wirtschaftlichen Entwicklung bei. Durch kriegerische Handlungen erlebte Crivitz 1637 und 1660 schwere Verwüstungen.

Erst 1660 erhielt die Crivitzer Kirche den dreigeschossigen Turm, der heute noch die Stadtsilhouette prägt. Gegenüber der Kirche steht das 250 Jahre alte Pfarrhaus. Es ist heute unter Denkmalschutz gestellt und umfassend restauriert.

1681 und 1704 wüteten Brände in der Stadt. Über 100 Häuser und das alte Rathaus wurden vom Flammenmeer zerstört. 1712 beehrte der russische Zar PETER DER GROSSE die Stadt und brachte 24000 Soldaten mit, um im Nordischen Krieg die Schweden zu bekämpfen. Der Nordische Krieg[2] kostete die Stadt immerhin 20000 Taler. In der Franzosenzeit rückten am 2. November 1806 französische Truppen in Crivitz ein und besetzten die Stadt bis Ende des Jahres 1807. Generalgouverneur wurde der französische General LAVAL[3].

1 Krive ist eine alte slawische Bezeichnung und bedeutet Oberpriester.

2 Der Nordische Krieg begann 1700 und endete 1721.

3 Mathieu de Montmorenzy-Laval lebte von 1766 bis 1826. Er war ein fähiger General, Staatsmann, Diplomat und Minister.

Marktplatz

…-luth. Stadtkirche

Altes Pfarrhaus

…chlosshotel Basthorst

Enteignung und Entwicklung

Bereits 1862 gingen hier 86 Schuster, 22 Schneider, 16 Tischler, 12 Schmiede, zehn Bäcker, sechs Gastwirte, sechs Töpfer und vier Drechsler ihrem Gewerbe nach. 1938 lebten in der Stadt bereits 3283 Menschen. In diesem „kristallklaren Jahr" zerstörten die Nationalsozialisten den Jüdischen Friedhof. Die ehemalige Synagoge blieb aber erhalten und wird als Wohnhaus genutzt.

Mit Gründung der DDR[1] „begruben" die Staatsorgane auch den Staat Mecklenburg. An seiner Stelle existierten bis 1990 die Bezirke Rostock, Schwerin und Neubrandenburg. Ab 1953 wurden auch in Crivitz viele Privatunternehmen in volkseigene bzw. genossenschaftliche Betriebe umgewandelt. Diese Enteignungen, die flächendeckend in der sowjetischen Besatzungszone praktiziert wurden, konnten jedoch langfristig den ökonomischen Untergang des Arbeiter- und Bauernstaates nicht verhindern. Erst die friedliche Revolution von 1989 brachte die Wende.

Bis 1990 wuchs die Einwohnerzahl auf 4543 Menschen. Den Höhepunkt dieser positiven Entwicklung charakterisierte das 750-jährige Stadtjubiläum im Jahr 2001. Dort, wo noch 1910 das Großherzogliche Amt stand, befindet sich heute ein modernes Krankenhaus. Aus dem ehemaligen Schützenhaus entwickelte sich das Haus Seeblick, das für Übernachtungen und zum Feiern erstklassig geeignet ist. Mit dem 7,5 ha großen Arboretum und dem Findlingsgarten hat die Stadt interessante Ausflugsziele für Naturfreunde geschaffen. In der Nähe von Crivitz befinden sich das Hotel Waldschlösschen und das Schloss Basthorst. Die sehr gute Küche und die liebevoll eingerichteten Gästezimmer spiegeln den erstklassigen Charakter dieser gastfreundlichen „Märchenschlösser" wider.

Der Crivitzer See

Entstanden ist dieses 38 ha große Gewässer als Ergebnis eiszeitlicher Überformungen. Als Bestandteil einer ökologisch wertvollen Seenkette, bestehend aus dem Settiner-, Militz- und dem Barniner See, existiert auch eine Verbindung zum Flusssystem der Warnow. Am See findet man einige interessante Naturdenkmale, Flächen-Naturdenkmale, geschützte Gehölzgruppen, Lindenalleen und einen Erlenbruch. Seit 1998 gibt es einen Natur-Erlebnisweg, auf dem der See umwandert werden kann. Hier lernt der Naturfreund die Tier- und Pflanzenwelt kennen und kann dabei das reizvolle Seenpanorama genießen.

Der Crivitzer Vogelfreund PETER SCHOLZ konnte hier eine mannigfaltige Vogelwelt dokumentieren, darunter sind der Seeadler, der Fischadler, der Graureiher, die Lachmöwe, die Silbermöwe, die Schellente, der Schilfrohrsänger, der Eisvogel, der Zwergtaucher, der Singschwan, der Gänsesäger und die Brandgans. Interessant ist auch, dass von 1870 bis 1940 auf dem See eine Schwanenzucht betrieben wurde. Darunter waren auch die seltenen schwarzen australischen Schwäne. Vom Nordufer aus hat der Naturfreund einen schönen Blick, der über den See gerichtet bis auf die historische Altstadt reicht.

---

1 DDR steht für Deutsche Demokratische Republik.

ick über den Crivitzer See auf die Altstadt

Das Dorfzentrum von Sukow

Die Gemeinde Sukow – *Mit dem Pferdesport verbunden*

Sukow

Am nördlichen Rand des Lewitzbeckens liegt Sukow. Gründungsvater war Graf NIKOLAUS ZU SCHWERIN[1]. Vom 16. Februar 1348 stammt eine Urkunde, auf der Sukow erstmalig erwähnt wurde. Im Dreißigjährigen Krieg von kaiserlichen Truppen zerstört, konnte das Dorf trotzdem wieder aufgebaut werden.

Frachtweg und Viehherden

Bahnhof in Sukow 1908

Foto: aus Chronik Sukow 2002

Um 1758 hat man hier einen Haltepunkt geschaffen, der direkt am bedeutenden Hamburger Frachtweg lag. Täglich zählte man am Standort 40 bis 50 Viehherden und 100 Frachtfuhrwerke. Im 19. Jahrhundert entstanden zahlreiche Häuslereien, die das Dorfbild entscheidend prägten. 1882 konnte die neue Dorfkirche fertiggestellt werden. Das Gotteshaus wurde unter maßgeblicher Mitwirkung des Baurates KRÜGER und des Landesbaumeisters VOSS geplant und im neugotischen Baustil verwirklicht. Schirmherr und Gönner der Sukower Kirche war Großherzog FRIEDRICH FRANZ II. Am 2. September 1888 erhielt Sukow einen Haltepunkt an der Bahnstrecke von Schwerin nach Crivitz. Nach dem Zweiten Weltkrieg konnte das Straßen- und Wegenetz modernisiert und das Dorfbild freundlicher gestaltet werden. Die Wende- und Nachwendezeit brachte viele Neuerungen und positive Investitionen für das Dorf und seine Bewohner. Darunter waren umfangreiche Modernisierungsarbeiten, die zur Neugestaltung des Dorfplatzes und zur Erneuerung des gesamten Wege- und Abwassernetzes führten. Ebenso investierte die Gemeinde in ein neues Dorfgemeinschaftshaus und in den Ausbau der Grundschule. 1998 feierte Sukow sein 650-jähriges Gründungsjahr.

Kinderbauernhof und Pferdesport

Mit seinem Ortsteil Zietlitz präsentiert es sich heute als ein gastfreundliches Lewitzdorf. In Zietlitz konnte ein Kinderbauernhof aufgebaut werden, der ein lohnendes Ausflugsziel, insbesondere für Familien, darstellt. Wer eine gemütliche Unterkunft sucht, findet diese in der Reiterpension MIETZ. Hier können Natur- und Pferdefreunde ganzjährig übernachten und an geführten Reitwanderungen teilnehmen. Außerdem starten vom Reiterhof Kremsertouren, um in das Vogelschutzgebiet Lewitz zu fahren. Eine weitere ansprechende Übernachtungsmöglichkeit findet der Urlauber oder Durchreisende im „Landgasthaus zur Tenne". In diesem Gasthaus können Sie nicht nur günstig übernachten, sondern auch die gute regionale Küche genießen.

Sukow ist schon seit Jahrzehnten Austragungsort für die hier jährlich stattfindenden Landesmeisterschaften im Dressur- und Springreiten. Zahlreiche Besucher nutzen diesen sportlichen Höhepunkt, lernen so das Dorf und seine Besucher kennen und schätzen. Doch nicht nur der Pferdesport qualifiziert das Lewitzdorf zu einem interessanten Ausflugsziel. Dank der touristischen Infrastruktur, des Haltepunktes an der Bahnstrecke Schwerin Parchim und des ausgebauten Radwegenetzes kann man hier auch mehrere Tage verweilen, ausgedehnte Radtouren[2] unternehmen und so Land und Leute kennenlernen.

1 Graf Nikolaus zu Schwerin lebte von 1328 bis 1360 oder 1367.

2 Siehe dazu auch den Beitrag „Mit dem Drahtesel die Lewitzlandschaft erkunden".

andesmeisterschaften im Dressur- und Springreiten

Dorfzentrum

Der Reiterhof Mietz

Reiterpension Mietz - *Das Reiterlebnis in Sukow*

* Gemütliche Einzel-, Doppel- & Mehrbettzimmer mit Dusche/WC, TV & Telefon
* Reitunterricht & Kinderreiturlaub
* Geführte Kutschfahrten und Kremsertouren durch das Europäische Vogelschutzgebiet Lewitz
* Haltepunkt an der Bahnstrecke Schwerin-Parchim

Kontakt: Reiterpension Mietz · Am Kamp 7 · 19079 Sukow
Telefon: (03861) 79 02 · Fax: (03861) 79 04
E-Mail: mietz.reiterhof@t-online.de · www.reiterpension-mietz.de

Landgasthaus zur Tenne Sukow - *Wo das Leben zur Hause ist*

* Essen, Trinken und Feiern
* kostenlose Park- und günstige Übernachtungsmöglichkeiten
* Veranstaltungsservice und Cateringangebot
* Für Feierlichkeiten mit 70 Innen- und 40 Aussenplätze

Kontakt: Landgasthaus zur Tenne Sukow · Dirk Güßmann
Am Dorfplatz 10a · 19079 Sukow · Mobil: (0171) 9942458
E-Mail: info@tenne-sukow.de · www.tenne-sukow.de

Landgasthaus zur
"Tenne Sukow"

Gemeinde Sukow - *Mit dem Ortsteil Zietlitz*

* Kinderbauernhof in Zietlitz
* Neugotische Backsteinkirche aus dem 19. Jh.
* Landgasthaus Zur Tenne und Reiterhof Mietz
* Jährlich stattfindende Landesmeisterschaften im Dressur- und Springreiten
* Haltepunkt an der Bahnstrecke Schwerin-Parchim

Anschrift:
Gemeinde Sukow · Dorfgemeinschaftshaus · 19079 Sukow

Kontakt:
Amt Banzkow · Schulsteig 4 · 19079 Banzkow
Telefon: (03861) 550 20 · Fax: (03861) 55 02 55
E-Mail: verwaltung@amt-banzkow.de
Internet: www.sukow.de

Ev.-luth. Kirche in Sukow

Forstscheune auf dem Forsthof Bahlenhüschen

Die Gemeinde Tramm – *Inmitten von Seen und Wäldern*

Tramm

Dieses slawische Siedlungsgebiet war vom Urstromtal der Mildenitz und später durch den Gramnitzbach hydrologisch[1] beeinflusst. Bereits 1394 gab es eine Schmiede im Dorf. Der Schmied besaß außerdem eine Bauernstelle und eine Ackerfläche.

Die erste urkundliche Erwähnung des Ortes Tramm stammt wahrscheinlich aus dem Jahre 1549. Damals soll der Ritter HELPTE den Ort an den Ritter VON HALBERSTADT verkauft haben. VON HALBERSTADT konnte dieses Lehen aber nur 60 Jahre im Familienbesitz belassen. Nach zähen Verhandlungen verkaufte VON HALBERSTADT im Jahr 1609 die Güter Klinken, Tramm und Ruthenbeck mit den Wüstungen Nemersdorf, Göthen und Werder an die HERZÖGE VON MECKLENBURG[2].

Historischer Feuerwehrumzug nach 1950 – Foto: Archiv Gemeinde Tramm

Aberglauben und Dorfschulze

Aus dem 14. Jahrhundert stammt auch der frühgotische Kirchenbau. Die Grundform der Kirche gleicht einem Viereck. Das Mauerwerk besteht aus Felsen und Backsteinen. Dagegen verkleideten die Erbauer den Glockenstuhl mit einer Holzschalung. In diesem hängen die beiden Kirchenglocken, die 1853 von dem Hofglockengießer P. M. HAUSBRANDT in Wismar gegossen wurden. Auf dem Altar, der Kanzel und dem Beichtstuhl findet man zahlreiche deutsche Bibelsprüche. An der Empore hat man folgende Inschrift hinterlassen:

„ANNO 1690 HAT DIESE GEMEINDE DAS CHOR BAUEN LASSEN; GOTT ZU EHREN UND DER KIRCHEN ZUM ZIERAT. PASTOR WAR ZUR ZEIT DER EHRWÜRDIGER UND WOHLGELARTER HERR GABRIEL BRANDT UND KIRCHEJURATEN JOCHIM KREY UND JOCHIM RÜSSE."

Noch im 17. Jahrhundert beherrschte der Aberglaube das Leben der Menschen in den Lewitzdörfern. So kam es vor, dass so manche weise Kräuterfrau zu Unrecht als Hexe oder Zauberin denunziert und unschuldig verbrannt wurde. Diese Grausamkeit wurde durch den Dreißigjährigen Krieg noch gefördert. Gegen diesen dummen Aberglauben half nur Bildung. Davon war auch PETER LAMPE überzeugt, der hier 1697 als erster Lehrer unterrichtete.

1816 wohnten in Tramm bereits 325 Menschen. Die dichte Anordnung der Wohnhäuser und Stallungen ließen einen Hausbrand schnell zu einer Katastrophe werden. Solche Heimsuchungen hatten 1835, 1863, 1879 sowie 1891 eine ganze Reihe von Bauerngehöften vernichtet. Trotz dieser Katastrophen vergrößerte sich das Dorf weiter. 1891 zählte man 17 Erbpächter, 21 Büdner, 51 Häusler, einen Schankwirt, eine Erbschmiede sowie einen Krüger. Da sich die Einwohnerzahl auf immerhin 718 Menschen erhöhte, wurden im Dorf zwei Schulen und eine Industrieschule aufgebaut. An der Industrieschule lehrten vor allem Männer. Die erste hier tätige Lehrerin war DOROTHEA WARNING. Sie unterrichtete von 1866 bis 1892 das Fach Handarbeit und das für 30 Taler jährlich. Von 1891 bis 1919 war JOHANN DOBBERTIN Dorfschulze in Tramm. In seine Amtszeit fielen die Gründung der Molkereigenossenschaft, der Bau der Chaussee Crivitz-Klinken und das Inkrafttreten der neuen Gemeindeordnung.

---

1 Hydrologie ist die Lehre vom irdischen Wasserhaushalt.

2 Herzog Adolf Friedrich I. wurde 1608 durch den Kaiser Rudolf II. für volljährig erklärt. Bis 1610 regierten die mecklenburgischen Herzöge Adolf Friedrich I. und sein Bruder Johann Albrecht II. Nachdem am 22. Juli 1610 Herzog Johann Albrecht II. verstarb, übernahm sein Bruder die Regierungsgeschäfte und regierte ganz Mecklenburg.

Ev.-luth. Feldsteinkirche

Feuerwehr und Wasserratten

Um Brände besser bekämpfen zu können, gründeten die Trammer am 10. September 1917 ihre Feuerwehr. Seitdem ist diese Gemeinschaft ein fester Bestandteil des kulturellen Lebens im Dorf.

Nach dem Zweiten Weltkrieg normalisierte sich auch das Leben für die Bewohner. So gab es 1947 vier Gastwirtschaften, drei Kolonialwarengeschäfte, einen Bäcker, einen Schuster und einen Müller. 1950 hat sich die Bevölkerungszahl auf 932 Einwohner erhöht.

Die nächsten Jahre und Jahrzehnte sind von vielen positiven Entwicklungen geprägt. So konnten der Bau des Kindergartens, der Kinderkrippe, die Neugestaltung des Sportplatzes, des Dorfzentrums und des Jugendclubs realisiert werden. Außerdem gelang es, die evangelisch-lutherische Feldsteinkirche bis 2004 aufwendig zu sanieren.

Zahlreiche Vereine tragen und gestalten das kulturelle Leben im Dorf. In Tramm findet man außerdem einige gemütliche und günstige Ferienwohnungen sowie die Trammer Bäckerei. Hier werden die Backwaren noch mit Liebe frisch zubereitet und anschließend in den umliegenden Filialen verkauft.

Seit 2011 ist die Gemeinde Tramm auch für die Dörfer Tramm, Göhren, Bahlenhüschen und Settin verantwortlich. Von den Dörfern aus kann der Naturfreund zur Forstscheune Bahlenhüschen oder entlang des Landweges nach Ruthenbeck wandern. Für kleine und große Wasserratten wurden Badestellen am Settiner und am Militzsee geschaffen.

Göhren und Settin

Die Entstehung der Siedlungen Göhren und Settin hängen direkt mit dem vorhandenen Wald- und Wasservorkommen zusammen.

Göhren erhielt seine Erstnennung schon im Jahre 1456. Sinnbildlich stammt die Ortsbezeichnung vom slawischen Wort „Gorni“ ab, was soviel wie „Berge von Tramm aus hinter den Rieh-Bergen“ heißt. Bis 1550 ist der Ort auch als „Gorne“, „Ghorne“ oder „Görn“ bekannt.

Die Ortschaft Settin ist im Jahre 1485 erwähnt worden. Abgeleitet wird der Name Settin vom slawischen Wort „scetini“, das „Flusswehre“ bedeutet. Settin kannte man bis 1550 ebenso als „Czettin“, „Settin“ oder „Settihn“. Settin wurde von der alten Handelsstraße gekreuzt, die von Hamburg bis nach Stettin verlief. Dieser Frachtweg war bereits 1075 bedeutsam und zählte im Norden zu einer der wichtigsten Ost-West-Straßen.

Ämter und Jagd

Settin wurde in der Nähe des bis heute einzigen Abflusses des Settiner See gegründet. Wie damals üblich, standen die Erstnennungen meistens im Zusammenhang mit Auseinandersetzungen um Ländereien oder um die Höhe der bäuerlichen Abgaben. Diese Zwistigkeiten fanden überwiegend zwischen den ansässigen Bauern und ihren Feudalherren, der Vogtei Parchim und den herzoglichen Ämtern statt. 1592 besaß der Hof Settin 80 Rinder und 75 Schweine. 1655 standen hier ein großes Wohn- und Viehhaus, eine Scheune sowie ein Stall. Alle Gebäude hatten Dächer mit Stroheindeckung, die später mit Reet erneuert worden sind. Die damals bestehende Schäferei hatte immerhin 1040 Schafe und 78 Knechtschafe im Bestand. 1628 lebten in Settin ein Hufner und drei Kätner[1].

In Göhren konnte man 1669 22 Personen zählen, darunter waren 10 Kinder. Bis 1775 gehörten beide Dörfer zum Verwaltungsbereich des herzoglichen Amtes Schwerin-Crivitz.

Sowohl Göhren als auch Settin waren bis in das 20. Jahrhundert hinein Bestandteil der Crivitzer Kirche und somit auch verpflichtet, an sie Abgaben zu leisten. Da beide Dörfer inmitten eines ausgedehnten Waldgebietes lagen, waren sie auch ein idealer Ausgangspunkt für Jagdausflüge. Die eigentliche Jagdausübung war damals ein „herzogliches Regal“[2]. Die Bauern hatten somit alle Schäden zu dulden, die durch Schwarz- und Rotwild entstanden. Erst 1920 gab das neue Jagdgesetz die Jagd auf eigenem Grund und Boden frei.

Nach 1945 nahmen die verbliebenen Göhrener „das Heft in die Hand“ und wagten den Neuanfang. Darunter waren 1951 der Bau und die Einweihung der Kapelle und 1969 der Neubau der Badestelle. 1974 konnte sogar die neue Chaussee von Göhren nach Bahlenhüschen feierlich eröffnet werden.

Nach der Wende zogen viele junge Familien nach Göhren. Somit bestand akuter Handlungsbedarf, ein neues Wohngebiet zu schaffen. Das wurde ab 1992 für 25 Ein- bzw. Mehrfamilienhäuser erschlossen. Zu empfehlen ist eine Rast am Settiner See, die natürlich für ein erfrischendes Badevergnügen genutzt werden kann.

---

1 Kätner sind Bewohner eines Katen, die ausschließlich Landwirtschaft betrieben und keinen gewerblichen Nebenberuf ausübten.

2 Das heißt, „nur dem Herzog zustehend“.

orfzentrum in Göhren

Kapelle am Dorfrand von Göhren

ttiner See mit Badestrand

Bahlenhüschen

Bereits 1718 fand man die Nennung des Ortes Bahlenhüschen im Kirchbuch des Lewitzdorfes Tramm. Hier wird die Behausung des damaligen Holzvoigts CHRISTOPH DABELER, in Plattdeutsch als „Bahlen-hüschen“ oder hochdeutsch als „Bohlen-Häuschen“, erwähnt.

Forstwirtschaft und Forsthof

Seit 1736 gab es hier eine Oberförsterei. Neben der Forstwirtschaft betrieb diese auch eine relativ große Landwirtschaft. Der vorhandene Wald war jedoch die Grundvoraussetzung dafür, dass hier von 1705 bis 1719 eine Glashütte sowie eine Glasbläserei entstehen konnten. In dieser Manufaktur wurde das beliebte mecklenburgische Waldglas hergestellt. Jeder Ofen der Glashütte verschlang pro Jahr 1000 Faden[1] Rotbuche. Darum lichtete sich der Wald auch in diesem Forstrevier.

Von 1770 bis 1771 erhielt der Forsthof eine große Hallenscheune, die bis heute als das älteste Gebäude des Dorfes gilt. Um den geschrumpften Lewitzwald zu erhalten und zu mehren, beendeten die Förster das massive Abholzen. Mehr noch, ab 1820 fanden intensive Aufforstungsarbeiten statt. Der Wald erholte sich langsam, genauso der Wildbestand.

1833 ermöglichte ein großherzoglicher Befehl die Ansiedlung von sechs Büdner-Parzellen. Diese bildeten den Grundstock des zukünftigen Dorfes. 1849 ermöglichte eine herzogliche Entscheidung die Anstellung eines Wildwächters, der eine Besoldung über 15 Reichstaler erhielt. 1885 standen in Bahlenhüschen bereits sechs Büdnereien, zehn Häuslereien und eine Försterei. Zwischen 1898 und 1901 umgab der größte Teil des Bahlenhüschener und Zapeler Forstes ein Wildgatter. Immerhin über 4000 ha Wald waren hier eingezäunt. Das hatte katastrophale Auswirkungen auf den Wald. Die rasante Vermehrung von Rot-, Reh- und Schwarzwild förderte einen starken Wildverbiss. Einige Zauntore des Wildgatters sind bis heute als Fragmente vorhanden.

Nach 1958 favorisierte man den Anbau von schnell wachsenden Baumarten wie Pappeln, Weiden, Fichten und Lärchen. Erst 1980 machte die staatliche Forstwirtschaft eine Kehrtwendung, um die Bestände mit Erlen und Buchen aufzuforsten.

1992 richtete man das Forstamt Bahlenhüschen ein, das sich in sieben Forstreviere gliederte. 1995 musste sich die Forstverwaltung in M-V[2] neu strukturieren, was zum Einrichten des Landesforstamtes in Friedrichsmoor führte. Die Revierförsterei Bahlenhüschen besteht bis heute.

Neben der Revierförsterei steht die alte Forstscheune, die liebevoll restauriert wurde und durch den Verein Forstscheune e.V. mit Leben gefüllt wird. Das Köhlerfest und das Holzfest sind neben anderen Festivitäten ein fester Bestandteil eines engagierten Vereinslebens. Im umliegenden Waldgebiet realisierte das Landesforstamt einige Naturlehrpfade und Rastplätze. Von hier aus kann der Naturfreund ausgedehnte Wanderungen oder Radtouren unternehmen, um dabei die lebendige Tierwelt der Waldlewitz hautnah zu erleben.

---

1 Die Maßeinheit Faden wurde im Brennholzhandel verwendet. 1 Faden betrug 6 Fuß in Höhe und Breite sowie 2 Fuß in der Länge.

2 M-V steht für das Bundesland Mecklenburg-Vorpommern.

hlerfest an der Forstscheune

Rotwildgatter am Forsthof Bahlenhüschen um 1915 – Archiv: Landesforstamt Friedrichsmoor

tes Forsthaus in Bahlenhüschen

Gemeinde Tramm

Mit den Ortsteilen Göhren, Tramm, Bahlenhüschen und Settin

* Geprägt von Seen und Wäldern
* Rast- & Informationspunkt Forstscheune in Bahlenhüschen
* Frühgotische Feldstein Kirche in Tramm
* Bäckerei und Ferienwohnungen in Tramm
* Entspannen, Baden und Angeln am Settiner See

Kotakt:
Gemeinde Tramm
Amtsstraße 5
19089 Crivitz
Telefon: (03863) 54 54 0
E-Mail: info@amt-crivitz.de
Internet: www.amt-crivitz.de

Ev.-luth. Kirche in Domsühl

Die Gemeinde Domsühl – *Wo Geschichte lebendig wird*

Alt Damerow

Das slawische Dorf Alt Damerow entstand vor der Christianisierung Mecklenburgs durch den Sachsenherzog HEINRICH DER LÖWE, in dessen Regierungszeit aber die Entnennung des Ortes im Jahre 1278 fällt. Forschungen ergaben, dass die ersten christlichen Dorfbewohner ihre Einzelgehöfte kreisförmig um die Dorfkirche gebaut haben. Deshalb hat auch Alt Damerow den Charakter eines Rundlingsdorfes.

Schilfrohr und Bleiruthen

Die Bauernhäuser des Ortes waren noch im 16. Jahrhundert mit von Hand gedroschenem Roggenstroh[1] bedeckt. Das war ebenso für ganz Mecklenburg typisch. Erst viel später wurde dazu Schilfrohr genommen. Nach dem Dreißigjährigen Krieg hatte die Familie PINGEL einen großen Anteil daran, dass hier und in anderen Dörfern viele zerstörte Bauernstellen neu aufgebaut wurden. Nachzuweisen ist das für die Orte Domsühl, Demen, Raduhn, Zieslübbe, Garwitz und Klinken.

Ende des 17. Jahrhundert lebten in Alt Damerow bereits einige Hufner[2], Büdner[3], Kätner, Knechte, Mägde, Tagelöhner und Kuhhirten.

Die kleine, aus dem 18. Jahrhundert stammende, rechteckige Fachwerkkirche steht in der Mitte des Dorfes. Besondere Beachtung verdienen die Fenster auf der Nordseite der Kirche. Diese kostbaren Kunstwerke sind in Bleiruthen gefasst und stammen noch aus der Erbauungszeit. Auf dem Dach steht die Wetterfahne aus dem Jahr 1791. Die Kirchenglocke von 1754 befindet sich im anliegenden Dachreiter. Der sakrale Kirchenbau und der angrenzende Friedhof sind mit einer ansehnlichen Feldsteinmauer umgeben. Entgegen Überlegungen, die Fachwerkkirche abzutragen und im Freilichtmuseum Schwerin/Mueß wieder aufzubauen, gründeten die Alt Damerower 1995 einen Förderverein. Die Kirche konnte so gerettet und nach umfangreicher Sanierung 1998 wieder eingeweiht werden.

Domsühl – Stiel-Eichen und Köstlichkeiten

Im 18. und 19. Jahrhundert veränderte die Ansiedlung von weiteren Büdnern und Häuslern das geschlossene Dorfbild. Ein Ausdruck dafür war auch der Neubau des Postweges von Raduhn, über Möderitz nach Parchim, der Alt Damerow streifte. Ebenso interessant ist die ehemalige Dorfschule, die von Domsühl kommend am rechten Dorfeingang steht. Die Gemeinde Domsühl präsentiert sich heute von ihrer schönsten Seite. Bestandteil der Gemeinde sind die Dörfer Alt Damerow, Schlieven, Zieslübbe sowie Domsühl.

In Domsühl stehen 121 Stiel-Eichen, worunter sich auch 500-jährige Prachtexemplare befinden. Als geschützte Naturdenkmale prägen sie das grüne dörfliche Zentrum. Viele erfolgreiche, mittelständische Unternehmen prägen die Gemeinde Domsühl. Zu nennen sind hier vor allem die Gaststätte & Pension „Zum Eichenkrug", die „Bäckerei & Konditorei Neckel" und der Landwirtschaftsbetrieb Kastanienhof KG in Schlieven. Domsühl und Alt Damerow, wie Kenner der Gegend sicher bestätigen werden, gehören zu den schönsten Dörfern Mecklenburgs. Besuchen Sie Domsühl, das 2012 seine 700-Jahrfeier festlich begehen wird.

---

1 Roggenstroh wurde damals auch als Dackschoof bezeichnet.

2 Hufe ist das Eigentum an Grund und Boden in einem Dorf, verbunden mit einer Hofstelle.

3 Büdner sind Dorfbewohner, die ein eigenes Haus, aber keinen Hof besaßen und als Tagelöhner gearbeitet haben.

euernte in Domsühl um 1930 – Archiv: W. Brezmann

Ev.-luth. Kirche

Stiel-Eichen im Dorfzentrum

Dorfzentrum in Domsühl

Der Hof PINGEL

Dieses Anwesen ist eines der schönsten und ältesten bäuerlichen Ansiedlungen Mecklenburgs. Doch nicht nur die liebevoll restaurierten Gebäude zeichnen die Anlage aus. Ebenso ist es der alte Baumbestand, der das Gelände mit einem grünen Blätterdach überzieht.

Niederdeutsches Hallenhaus auf dem PINGELHOF

Hallenhäuser, Menschen und Tiere

Der Ursprung des Hofes PINGEL lässt sich bis in das Jahr 1607 bzw. 1665 zurückverfolgen. [8] Aus dieser Zeit stammen auch einige niederdeutsche Hallenhäuser, die diesem besonderen Ort ein markantes Gesicht verleihen. Ebenso steht hier das wohl älteste mit Reet[1] eingedeckte Bauernhaus Mecklenburgs.

Noch im 17. Jahrhundert lebten auf dem Hof Mensch und Tier in einer gemeinsamen Wohnstätte. Wegen der allmählichen Veränderung der häuslichen und wirtschaftlichen Bedürfnisse wurde das Haus mehrfach umgebaut. Dadurch entstand im 19. Jahrhundert ein separater Wohnraum.

Im Laufe der Jahrzehnte wurden auf dem Gelände ein Backhaus, eine Scheune, ein Schweine-, Hühner- und Gänsestall errichtet. Ebenso baute man einen Brunnen und einen Wagenschauer[2].

Die Familie Pingel besaß diese 15000 m^2 große Bauernstätte bis 1984. Nachdem die letzte Eigentümerin verstarb, nahm sich die Gemeinde Domsühl des Anwesens an. Dieser positive Schritt ermöglichte ab 1986 umfassende Rekonstruktionsarbeiten, bei denen die gesamte Gebäudestruktur erneuert werden konnte. Zahlreiche ansässige Agrarbetriebe unterstützten diese Aufbauleistung. Somit fand bereits am 30. September 1989 die feierliche Neueröffnung des „PINGELHOFES" als Museumshof statt.

Freilichtmuseum und Markttage

Viele Jahre wurde das beliebte Freilichtmuseum von ROLF HOLST erfolgreich geleitet, der sein Lebenswerk 2005 an FRANK MÜNCHOW übergab. Heute ist KERSTIN ZIMMERMANN die Leiterin der historischen Anlage. Das Freilichtmuseum hat seine Pforten von April bis Oktober geöffnet. Vielfältige Veranstaltungen, wie z. B. das plattdeutsche Theater, Markttage mit Handwerkermärkten, Abbacken und das Erntefest zeugen von einem beachtenswerten Engagement. Das „Freilichtmuseum PINGELHOF" ist ein Ort des Erlebens und Mitmachens. Nicht nur für Gäste aus Mecklenburg-Vorpommern ist die Museumsanlage zu einem interessanten touristischen Highlight geworden.

1 Reet ist eine andere Bezeichnung für Schilfrohr.

2 Das ist ein aus Holz gefertigter, offener Unterstand, unter dem die Bauern Ackerbaugerätschaften abgestellt haben.

Freilichtmuseum PINGELHOF

Bäckerei - Konditorei - Café Neckel - *Bäckerhandwerk mit Tradition*

* Alle Backwaren aus eigener Herstellung
* Café im Haus und Sitzgelegenheiten auf unserer Terasse
* Lieferservice

Kontakt: Bäckerei - Konditorei - Café Neckel
Inhaber Joachim Neckel · Hauptstraße 7 · 19374 Domsühl
Telefon: (038728) 202 21 · Fax: (038728) 202 21

Kastanienhof KG
Qualität aus Überzeugung

KASTANIENHOF KG
DOMSÜHL - SCHLIEVEN

* Landwirtschaftliche Urproduktion
* Nahrungsmittel aus geschlossenem Kreislauf

Kontakt:
Kastanienhof KG · Torsten Rave
Raduhner Straße · 19374 Domsühl-Schlieven
Telefon: (038728) 20 475 · Fax: (038728) 20 455
E-Mail: kastanienhof-kg@freenet.de

Freilichtmuseum Alt Damerow
400 Jahre Pingelhof - wo heute noch gestern ist

Ringstraße 6 ·
19374 Alt Damerow
Telefon: (038728) 20 111
E-Mail: pingelhof@alice-dsl.net
www.pingelhof-museum.de

Öffnungszeiten: Di - So 10.00-18.00 Uhr

Gemeinde Domsühl - *Mit den Ortsteilen Alt Damerow, Domsühl, Dorf & Hof Bergrade, Schlieven & Zieslübbe*

* Eingerahmt von Wäldern, weiten Fluren & uralten Eichen
* Ausspannen & Schlafen in ländlicher Idylle
* Mittelalterliche Kirchen und schöne Dorfkerne
* Museum Pingelhof mit Rast- und Informationspunkt
* Haltepunkt in Domsühl an der Bahnverbindung Schwerin-Parchim

Kontakt: Gemeinde Domsühl
Amt Parchimer Umland
Walter-Hase-Str. 42 · 19370 Parchim
Telefon: (03871) 42 130 · E-Mail: info@amtpu.de
Fax: (03871) 421318 · www.amt-parchimer-umland.de

Die neue Eldeschleuse in Garwitz

Garwitz
km 60,75

Die Gemeinde Lewitzrand – *Zwischen Elde und Wiesenland*

Klinken

Der Ortsname entstammt einer slawischen Überlieferung und bedeutet „Lehm, lehmig" oder „Keil". Das wird umso verständlicher, da Klinken auf einer keilförmigen Landzunge liegt. Auch steht die erstmalige urkundliche Erwähnung dafür, dass der Name sich von einem Grenzvertrag herleitet, der am 30. Oktober 1230 zwischen dem Schweriner GRAFEN GUNZELIN mit den mecklenburgischen Feudalherren JOHANN FÜRST ZU MECKLENBURG und NICOLAUS FÜRST VON WERLE UND ROSTOCK abgeschlossen wurde.

1394 erwähnte der Schweriner Bischof RUDOLF, der auch HERZOG VON MECKLENBURG-STARGARD war, „dass beim Dorfe Klinken eine Wassermühle steht".

Klerus und Gutsherren

Die im späten 14. Jahrhundert erbaute, sehenswerte Dorfkirche liegt am östlichen Rand des Dorfes. Unter den Kirchen der Lewitz besitzt sie als einzige ein mittelalterliches Kreuzrippengewölbe. Weitere bauliche Besonderheiten sind die vorhandenen Seitenschiffe, die restaurierten Wandgemälde und das vorhandene Satteldach.

Die deutschen Gutsherren KNAPPE MARKWART CLAWE, HELPTE ZU PRAGSDORF und ACHIM VON HALBERSTADT waren bis 1612 die feudalen Besitzer von Klinken. 1612 verkaufte VON HALBERSTADT das Dorf an den mecklenburgischen Herzog ADOLF FRIEDRICH I.[1] Um 1675 war die Ansiedlung als „Klineke", um 1700 als „Glinke" und um 1788 als „Klincken" bekannt. 1795 wohnten im Dorf 234 Menschen, davon 78 Kinder.

Wassermühle und Industrieschule

Am Südrand der Klinker Landzunge, direkt am Klinker Bach, stand die Klinker Mühle. 1676 betrieb sogar eine fleißige Müllerin, die TECHENTIN hieß, die Klinker Mühle. Nachdem das Mühlengebäude einem Brand zum Opfer fiel, baute es JÜRGEN EINKOPF aus eigenen Mitteln wieder auf. Die Wassermühle war für die hier lebenden Bauern aus Raduhn, Tramm, Zapel, Garwitz und Göthen unverzichtbar, die hier Roggen und Gerste vermahlen ließen. Trotz dieser Abhängigkeit traten immer mal wieder Streitigkeiten zwischen den Raduhner Bauern und den Mühlenpächtern auf, die sich immer um den angestauten Mühlenbach drehte. So wurde letztendlich ab 1884 von der Großherzoglich-Mecklenburgischen Kammer angeordnet, dass vom 1. Mai bis zum 1. September der Wasserstand im Mühlenbach niedrig gehalten werden muss, um eine Überflutung des Klinker-Raduhner Tals möglichst zu vermeiden. Weiterhin genehmigte die Kammer am 10. Januar 1884 den Neubau einer Holländer-Windmühle in Raduhn, in der bis 1947 Korn gemahlen wurde.

Die sich verbessernden Lebensbedingungen ließen die Einwohnerzahl bis 1905 auf 618 Menschen steigen. Zu diesem Zeitpunkt gab es hier eine Poststation, eine Schmiede, eine Land- und Industrieschule sowie zwei Gastwirtschaften. Die Klinker besaßen außerdem 884 Schweine, 428 Rinder, 61 Pferde und 64 Schafe.

In den 1970er Jahren konnten das Straßennetz und die Straßenbeleuchtung erneuert, ein Feuerwehr-Gerätehaus sowie eine neue Gast- und Speisewirtschaft gebaut werden. Auch das aktive Vereinsleben ist Bestandteil einer engagierten, dörflichen Gemeinschaft. Zu empfehlen sind heute ein Besuch der wirklich bezaubernden und restaurierten Dorfkirche und eine kurze Wanderung zum Klinker See.

---

1 Herzog Adolf Friedrich I. ordnete auch den Bau des Neuen Schlosses in Neustadt-Glewe an.

Ev.-luth. Kirche

Ev.-luth. Kirche

Heide-Nelke

Klinker See am Rande des NSG Klinker Plage

Die Klinker Plage am Klinker See

Am 7. Januar 1976 wird die „Plage" bei Klinken zum Naturschutzgebiet erklärt. Dieses 37,5 ha große Schutzgebiet hatte in der DDR durch die übermäßige Entwässerung des umliegenden Wiesen- und Ackerlandes stark zu leiden.

Paarungsrad der Hufeisen-Azurjungfer

Der aus Klinken stammende Natur- und Vogelkundler JÜRGEN WULF konnte hier bereits 1980 62 Brutvogelarten- und brutverdächtige Arten beobachten.

Darunter waren der Zwergtaucher, die Krickente, die Rohrweihe, der Baumfalke, der Jagdfasan, der Kranich, der Kiebitz, die Bekassine, der Große Brachvogel, der Wendehals, der Drosselrohrsänger und der Schilfrohrsänger. Zu den heutigen bestandsbedrohten Vogelarten zählen der Wachtelkönig, der Flussuferläufer, der Kranich, die Bekassine, der Zwergtaucher, die Teichralle, der Kiebitz und die Rohrweihe.

Moor und See

Doch nicht nur die Vogelwelt besitzt eine Bedeutung im regionalen Naturhaushalt. Zahlreiche bedrohte Pflanzenarten wachsen am oder im Moor. Dazu zählen das Sumpf-Blutauge, die Sumpf-Schwertlilie, die Sumpf-Dotterblume, der Gemeine Wasserschlauch, das Wassermoos und das Torfmoos. Auf einigen Inselflächen kommen das Scheidige Wollgras und die Salz-Teichsimse vor. Neben den vorhandenen Schwertlilien-Erlenbruchwäldern wachsen am Nordoststrand zahlreiche Moorbirken. Im Gegensatz zur ebenfalls vorhandenen Sandbirke hängen die Äste der Moorbirke eher zum Boden geneigt. Im Zentrum des vorhandenen Toorfmoos-Seggenriedes konnten die Grau-Segge, die Gemeine Moosbeere und der Rundblättrige Sonnentau gesichtet werden.

Zahlreiche Lurche und Kriechtiere leben im Moor und im Klinker See. Nachgewiesen wurden der Teichmolch, die Rotbauchunke, die Erdkröte, der Wasser-, Gras- und der Moorfrosch. Beide Lebensräume bieten zahlreichen Libellen- und Insektenarten einen wichtigen Lebensraum. Die vorkommende Libellenfauna nutzt hier die offenen Wasserflächen als Laichgewässer. Heimisch sind u. a. die Vierflecklibelle, die Gemeine Binsenjungfer, das Granatauge und die Azurjungfern. Daneben kommen verschiedene Spinnentiere, wie die Wespenspinne, Streckerspinne und Kreuzspinnen vor.

Am NSG liegt der Klinker See. Hier kann man die Natur beobachten und bis Ende Juni baden[1]. Die intensive Landwirtschaft brachte auch für die Klinker Plage und den Klinker See so manche „Katastrophe". Trotzdem gelang es hier, den Wasserstand anzuheben und die Nährstoffzufuhr zu reduzieren. Die Klinker Plage ist ein geschützter Lebensraum, der nicht ohne Genehmigung betreten werden darf. Auf dem südlichen Steilhang hat der Naturfreund jedoch einen schönen Blick auf das Naturschutzgebiet.

1 Später sollte man hier auf das Baden verzichten, da ein warmer, trockner Sommer auch ein starkes Algenwachstum fördern kann.

ranichpaar in der Klinker Plage

Sumpf-Schwertlilie

ierflecklibelle

Raduhn

Im 13. Jahrhundert wurde in Mecklenburg die Einfelderwirtschaft betrieben. Bis in diese Zeit reicht auch die Ersterwähnung des Ortes vom 23. November 1264. Diese Angabe steht im direkten Zusammenhang mit der Verehelichung der Tochter der Herzogin HELENA VON WESTFALEN mit dem Schweriner Grafen HELMHOLD. Raduhn ist vom slawischen „rado" abgeleitet und bedeutet „Ort des Frohsinns" bzw. „Ort Radon".

Raubzüge und Hanfanbau

Um 1340 gehörte Raduhn der Ritterfamilie und den Herren VON MALLIN. HENNECKE VON MALIN war zur damaligen Zeit ein gefürchteter Raubritter, der zahlreiche Raubzüge unternahm. Damit machte er sich König ALBRECHT VON SCHWEDEN und die Hansestadt Lübeck zum Feind. Weitere Adlige bestimmten die Geschicke des Dorfes und bauten hier ihre feudalherrlichen Güter auf. Doch nicht nur die ortsansässigen Feudalherren verlangten von den Raduhner Bauern Abgaben und Zinsen, auch die Vogtei Crivitz, die Geistlichen der Parchimer Kirchen St. Marien und St. Georgen sowie das Parchimer Franziskanerkloster richteten an sie ihre Geldforderungen.

Anfang des 15. Jahrhundert bewirtschafteten die Raduhner Bauern ihre Felder in der Dreifelderwirtschaft. Dabei wurden Hopfen, Flachs oder Hanf angebaut. Hopfen war damals eine begehrte Nutzpflanze und das Getränk Bier ein beliebtes und alltägliches Nahrungsmittel. Um 1500 gehörte das Lewitzdorf zum Amt Crivitz.

Bereits 1518 gab es in Raduhn zwei Gastwirtschaften, einen Schmied, 24 Bauern sowie 46 Hufner und Kätner. 1584 bestand das Dorf aus 24 Hufen sowie 22 Katen. Ebenso zählte man zwei Krüger, einen Schmied, zwei Einlieger[1], einen Wassermüller, einige Schafhirten und den Pastor.

Bereits1590 hatte Raduhn eine Kirche. Im Gotteshaus gab es zwei zinnerne Leuchter, einen Altar, einen Taufkessel und ein Weihrauchfass. Im Kirchturm hingen drei große Glocken. Bis 1827 hatte das Dorf zahlreiche Nutzviehverluste zu beklagen. Wölfe hatten bis dahin ihren Hunger am Viehbestand der Bauern gestillt. Der Hauptgrund war das geschwundene Wald- und Wildvorkommen, was der Mensch zu verantworten hatte.

Bodenreform und Spezialitäten

Nach dem Zweiten Weltkrieg wurden die Bodenreform und eine intensive Entwässerung der Wiesenflächen Realität. Da in Raduhn kein Forst- oder Gutshof vorhanden war, lebten hier nach 1945 überwiegend Häusler, Büdner sowie Mittel- und Großbauern.

In den 1960er Jahren setzte sich die intensive Landwirtschaft auch in den Dörfern am Lewitzrand großflächig durch. Dadurch verschwanden viele feuchte Wiesen und so manches Feldgehölz. 1964 beging Raduhn seine 700-Jahrfeier unter reger Mitwirkung aller Einwohner. Nach 1990 konnten die evangelisch-lutherische Kirche restauriert und das gesamte Straßen- und Gehwegnetz sowie alle Wohnhäuser modernisiert werden.

Aufgrund seiner naturnahen Lage und der umliegenden Wiesen brüten im Dorf ein Weißstorchpärchen sowie zahlreiche Rauch- und Mehlschwalben. Im Dorfzentrum findet man das kulinarische und floristische Erlebnis von KATRIN VÖLZER. Hier kann der Besucher mecklenburgische Spezialitäten wie Liköre, Konfitüren, Senfsorten und floristische Kostbarkeiten erwerben. Seit 2009 ist Raduhn mit seinem Ortsteil Rusch Bestandteil der Gemeinde Lewitzrand.

---

1 Einlieger waren als Gelegenheitsarbeiter im ländlichen Raum tätig.

nge Weißstörche auf dem Horst

.-luth. Kirche in Raduhn

Die Raduhner Windmühle 1939 – Foto: aus Chronik Raduhn

Rusch

Rusch grenzt direkt an Raduhn und besitzt ebenfalls eine interessante Historie. Diese ist eng mit der Entwicklung des Waldes und der Forstwirtschaft in der Lewitz verbunden. Ebenso steht die erste urkundliche Erwähnung von 1614 im direkten Zusammenhang mit einer Fehde zwischen dem Feudalherren VON RESTORFF und den hier lebenden Bauern.

Holz und Grünröcke

Die Geschicke des Dorfes wurden auch durch die herzoglichen Beamten des Amtes Crivitz maßgeblich mitbestimmt. Das Amt und die Feudalherren regierten über die ansässigen Bauern und das mit harter Hand. Vor allem dann, wenn es um Brenn- und Bauholz ging, mussten die Bauern um jeden Stamm betteln.

1702 setzte eine herzogliche Anordnung durch, dass „ein jeder Baumann oder Hufner alle drei Jahr eine Buche zu Rade- und 1 Eichhester zu Axen und Nutzholz" bekommen sollte. Im Gegensatz dazu untersagte 1773 eine herzogliche Verordnung, dass „den geringen Leuten auf dem platten Lande der Gebrauch von eichenen Särgen strikt untersagt ist". Erst 1820 ist die Leibeigenschaft in Mecklenburg per Dekret abgeschafft worden. Die Unterdrückung und die Ausbeutung der Menschen endeten jedoch nicht. Bis 1830 standen in Rusch nur das Forsthaus mit Wirtschaftsgebäuden und einigen Katen, auch „Ruschkaten" genannt. Hier entwickelten sich dazu 7 Büdnereien und 17 Häuslereien. Von 1863 bis 1864 dauerte der Bau der Dorfschule, die auch „Lüttschaul, up'n Barg"[1] genannt worden war. Im Gebäude gab es nur einen Klassenraum.

Von 1914 bis 1985 gab es in Rusch eine Gastwirtschaft. Diese war ein beliebter Treffpunkt für die Dorfbewohner und auch Ort für so manche Feierlichkeit. In der Amtszeit des Försters WILHELM AHRENS ist die Oberförsterei errichtet worden. Bis 1875 waren in Rusch die „Grünröcke" Förster WEIDEMANN, PFLUGRATH, VELTEN und AHRENS engagiert tätig.

Jagd und Töpferkunst

Da Holz gerade im 19. Jahrhundert ein kostbarer Rohstoff war, fanden um 1856 in Friedrichsmoor und in Rusch 1444 Fälle von Forst-, Jagd- und Weidefrevel statt. Diese wurden sehr hart bestraft, was bis zur körperlichen Züchtigung ausartete. [26]

1939/40 sind bei Rusch sogar 212 Stück Rotwild als Mutterwild erlegt worden, was den damaligen reichen Wildbestand bewies. Bis 1946 war das Forstrevier Friedrichsmoor-Rusch ein beliebtes Jagdrevier. Neben einem beachtlichen Rotwildbestand zählte man ebenso Schwarzwild, Rotfüchse, Feldhasen und Schnepfen[2]. Namhafte Persönlichkeiten, wie die Oberforstmeister HAFEMEISTER, Revierförster BUSEKE und Forstaufseher MALCHOW, hegten hier den vorhandenen Wildbestand.

Nach dem Zweiten Weltkrieg übernahmen die Förstereien in Friedrichsmoor und in Friedrichsruhe die Verwaltung des Reviers. Damit hörte die Oberförsterei Rusch auf zu bestehen. 1966 hielt ein sehr strenger Winter die Ruscher Bewohner in ihrem Dorf gefangen. Nur durch den Einsatz von Panzerfahrzeugen der Nationalen Volksarmee[3] konnte die Bevölkerung mit Nahrung und lebensnotwendigen Gütern versorgt und die Straßen freigeräumt werden. Nach 1990 konnten die Ortsteile Raduhn und Rusch durch einen Radweg verbunden und die Dorfstraße erneuert werden. Sehr zu empfehlen sind die Keramikwerkstätten „Mecklenburger Vogel" und „Keramik im Blauen Haus" sowie die Keramik- & Perlen-Galerie „Blue-Mango".

---

1 Kommt aus dem Plattdeutschen und heißt „kleine Schule auf dem Berg".

2 Die Schnepfen gelten als eine artenreiche Vogelfamilie, die auch Limicolen genannt werden. Insbesondere führte die großflächige Entwässerung der blumenreichen Feuchtwiesen in der Lewitz zu einem fast 100 %igen Rückgang dieser auffallenden und schönen Geschöpfe.

3 Die Nationale Volksarmee (NVA) der DDR war bis 1990 Bestandteil des östlichen Verteidigungsbündnisses „Warschauer Vertrag".

Weißstorch auf dem Horst

Alte Oberförsterei in Rusch – Foto: aus Chronik Raduhn

Rusch aus der Vogelperspektive

Töpferei Blue Mango

Matzlow-Garwitz

Beide Orte waren zur Slawenzeit eigenständige Siedlungen, die der Fluss „Elde" voneinander getrennt hatte. Der Ortsname Garwitz könnte vom Wort „garoch" abgeleitet sein, was Erbsen bedeuten kann. Auch scheinen die Bezeichnungen „gora" für Berg oder „garb" für Buckel auf die Ortslage hinzuweisen. 1278 kannte man das Dorf ebenso als „Gargeviz" und 1477 als „Garuitze".

Matzlow steht mit dem Wort „Maslov" in Beziehung, was auf die Begriffe Butter, Schmiere oder weicher Boden hinweist. 1371 ist der Ort auch als „Maslowe" und 1542 als „Matzelow" bekannt.

Erntepause vor 1940 – Archiv: Heimatstube Matzlow-Garwitz

Kirchen und Landwirtschaft

Bemerkenswert ist, dass in beiden Orten eine evangelisch-lutherische Kirche steht. Das weist wohl auf einen bescheidenen Wohlstand hin. Die Garwitzer Kirche entstand bereits im 14. Jahrhundert Sie wurde als ein solider gotischer Backsteinbau errichtet, der aus Felsen und Ziegeln besteht und ein offenes Glockengestühl aus Eichenholz besitzt. Für die Kirche in Matzlow hat man sich für eine rustikale Bauweise entschieden. Zimmerleute fertigten ein solides Fachwerk an, das mit gebrannten Ziegeln ausgefächert wurde. Sehenswert ist auch der angebaute Glockenturm, in dem bis heute zwei Kirchenglocken hängen.

Mitte des 17. Jahrhundert ging die Weidenutzung zurück. Stattdessen hatte sich die Wiesennutzung bei den Bauern großflächig durchgesetzt. In dieser Zeit ernteten die Menschen aus Matzlow und Garwitz qualitativ hochwertigeres Heu als die Bauern anderer Lewitzdörfer. Wahrscheinlich hing das von der Lage am Eldeufer ab. Immer im Frühjahr trat der Fluss über seine Ufer und überschwemmte so das angrenzende Wiesenland. Dadurch wurde es auch gleichzeitig gedüngt. Diese wichtigen, aber manchmal auch missliebigen Überschwemmungen ließen erst nach der Regulierung, Begradigung und Vertiefung des Flussbettes nach. Die Elde- und die Lewitzwiesen waren damals so feucht, dass die Bauern sich Bretter unter die Schuhe binden mussten, um nicht im weichen Moorboden zu versinken. Nur so konnten die Feuchtwiesen durchquert und Nassfutter oder Heu geborgen werden.

tar der ev.-luth. Kirche in Garwitz

Ev.-luth. Kirche in Garwitz

tar der ev.-luth. Kirche in Matzlow

Ev.-luth. Kirche in Matzlow

eibad in Garwitz

Schleusen und Heimatfreunde

So genannte „Kawel" bzw. „Kavel" standen für ausgeloste Wiesenstücke, die für die Lewitzbauern von großer wirtschaftlicher Bedeutung waren. Diese und alle anderen Wiesenflächen unterlagen der herzoglichen Lewitz-Wiesen-Verwaltung.

Weitreichende Ausbaumaßnahmen der Fließgewässer Elde und Stör endeten im 19. Jahrhundert Diese Schritte führten zum Bau von 28 Schleusen. Darunter war auch die Garwitzer Schleuse, die von 1892 bis 1894 erbaut worden ist.

Ab Mitte des 19. Jahrhundert ließen sich in beiden Dörfern Handwerker nieder, die nebenbei ein wenig Landwirtschaft betrieben. Wo heute die Gaststätte „Zur Schleuse" steht, brannte 1929 der Garwitzer Gasthof ab. Seit 1902 war er im Besitz der Familie BRANDT und später von der Familie JOSUPEIT betrieben worden.

1930 hatte die Familie GÖLDNITZ einen Gasthof in Matzlow. Hier befindet sich heute die Gaststätte „Kutscherstube" von HANS GÖLDNITZ. Der engagierte Gastwirt bietet außerdem geführte Kutsch- und Kremserfahrten an, um die abwechslungsreiche Lewitzlandschaft gemütlich zu erkunden. Eine kostspielige Angelegenheit war auch der Bau der Badeanstalt in Garwitz[1]. Das Freibad konnte nach der Wende renoviert werden und bietet heute einen erfrischenden Badespaß.

Die Kinder beider Dörfer konnten in ihrer eigenen Schule unterrichtet werden. In Garwitz war es die „Lütt Schaul". Die in Matzlow wurde 1954 bis 1956 vergrößert, 1986 rekonstruiert und 1988 mit einer Turnhalle ergänzt.

Der Garwitzer Naturschützer FRIEDRICH KÖHN war Probst und Heimatforscher. Ihm ist es zu verdanken, dass die zwischen Garwitz und Rusch verlaufende Kiefernallee[2] unter Naturschutz gestellt wurde. Nach 1998 entstand der Garwitzer Wasserwanderrastplatz und die Garwitzer Schleuse wurde umfassend erneuert. Südlich von Garwitz liegen die Kreisstadt Parchim und das Lewitzdorf Spornitz. Die geringe Entfernung und die vorhandenen Sehenswürdigkeiten können Sie in einer Tagestour mit dem Fahrrad ohne Zeitdruck genießen.

Wer von Ihnen einen wasser- und naturnahen Campingplatz sucht, ist bei MARIO GURTLER vom Lewitz-Camp Garwitz bestens aufgehoben. Ebenso kann man hier im Eldepark KREMKE gut und günstig übernachten sowie Seminare und andere Veranstaltungen durchführen. Im „Kunst-Pöttchen" von IRIS THEES können sich Kinder am Töpfern ausprobieren und die erwachsenen Besucher bei Tee und Gebäck die eine oder andere Kostbarkeit entdecken.

Das moderne Lewitzdorf besitzt auch eine kleine Heimatstube. Hier können Sie das Mecklenburger Land hautnah erleben und die zahlreichen historischen Ausstellungsstücke anschauen. Matzlow-Garwitz ist heute ein lebendiger Ort, der für Naturliebhaber viele reizvolle Abenteuer zu bieten hat.

---

1 Gebaut wurde die Badeanstalt von 1963 bis 1965.

2 Bis heute stehen hier einige Schwarzkiefern.

Niederdeutsches Hallenhaus in Matzlow

Lewitz-Camp in Garwitz – Foto: Mario Gurtler

Wiesenlewitz zwischen Spornitz und Matzlow

Geschützte Schwarzkieferreihe zwischen Garwitz und Rusch

Der Eldepark

Individualreisen
Gruppenreisen
Seminare und Tagungen

Kremke Eldepark
Am Kanal 4, 19372 Garwitz
Telefon (03 87 22) 2 27 70
Telefax (03 87 22) 2 27 50

Besuchen Sie uns im Eldepark!

www.eldepark.de | info@eldepark.de

Natürlich(es) aus Mecklenburg
- Hofladen Papaver -
Kulinarisches und Floristisches

Hofladen mit einem großen Angebot an hausgemachten Konfitüren, Likören und Spezialitäten wie Pestos, Chutneys, Senfvariationen und vielem mehr! Auch handgesiedete Pflanzenoelseife finden Sie bei uns!

Katrin Völzer, 19374 Raduhn,
Dorfstraße 16
www.voelzer-papaver.de
038722 20181

Wir freuen uns auf ihren Besuch, auf ´Gut Glück´ oder gerne nach telefonischer Voranmeldung!

Kutscherstube am Rande der Lewitz

* Scheune mit Saalbetrieb für Feierlichkeiten aller Art
* Geführte Lewitztouren mit Kremser und Kutsche
* Idyllisches Außengelände mit Sitzgelegenheiten

Kontakt:
Kutscherstube
Hans Göldnitz
Lewitzweg 15 · 19372 Lewitzrand/Ortsteil Matzlow
Telefon: (038726) 800 55 · Mobil: 0173 9476599

Lewitzcamp Garwitz - *Willkommen im Abenteuer!*

* Wasserwanderrastplatz und Zeltplatz zwischen Alter Elde und dem Eldekanal
* Übernachtungsmöglichkeit in 3 Mietwohnwagen
* Liegeplätze für 7 Boote
* Kanuvermietung, Klettern in unserem Hochseilgarten, Bogenschießen, Outdoortraining

Lewitzcamp Garwitz

Kontakt:
Lewitzcamp Garwitz · Mario Gurtler · Zeltplatz am Kanal
19372 Lewitzrand/Ortsteil Garwitz
Mobil: 0172 - 3157277 · E-Mail: info@lewitzcamp.de
Internet: www.lewitzcamp.de

Gemeinde Lewitzrand

mit den Ortsteilen Klinken, Matzlow, Garwitz und Raduhn-Rusch

* Am Rande des Vogelschutzgebietes
* Freiluftbad & Marina mit 50 Liegeplätzen in Garwitz
* Eldepark Kremke & Lewitz Camp Gurtler in Garwitz
* Freundliche Lewitzdörfer mit Ferienhäusern und Ferienwohnungen
* Sehenswerte Dorfkirchen & interessante Ausflugsziele

Kontakt: Gemeinde Lewitzrand
Amt Parchimer Umland
Walter-Hase-Str. 42 · 19370 Parchim
Telefon: (03871) 42 13 0 · Fax: (03871) 42 13 18
E-Mail: info@amtpu.de
Internet: www.amt-parchimer-umland.de

Die ev.-luth. Kirche in Damm

Die Gemeinde Damm – *Idylle im Eldetal*

Damm

Ebenso wie das Lewitzdorf Matzlow-Garwitz liegt Damm im Tal der Elde. In einer Urkunde von 1229 wird über die Einrichtung von vier Kapellen berichtet, darunter auch eine in Damm. Damals gehörte der Ort zum Schweriner Bistum, dem Bischof BRUNWARD[1] vorstand.

Rundlingsdorf und Turnverein

1722 war JOCHIM GILHOFF der zuständige Dorfschulze[2]. Ebenso lebten hier sechs Hufner, drei Cossaten[3] und der Pastor CHRISTIAN BORCHERT. Insbesondere die Familie GILLHOFF war in Damm fest verwurzelt. Auch der mecklenburgische Heimatdichter JOHANNES GILLHOFF gehörte diesem Familienstamm an.

1923 gründete sich in Damm ein Turnverein. Dieser hielt auf dem Turnplatz im Malchower Wald zahlreiche sportliche Wettkämpfe ab. Im Winter wurde auf der zugefrorenen Elde Schlittschuh gelaufen. Hier fanden dann zwischen den Dörfern Matzlow, Garwitz, Damm und Malchow auch regelmäßig Eishockeyspiele statt. Später gründeten die Einwohner eine Volkstanz-, Schwimm- und eine Reitgruppe. Für die Dammer Bevölkerung waren Pferde schon immer ein kostbares Gut. Das zeigte sich in den 1950er Jahren, als der Reit- und Fahrturniersport an Bedeutung gewann.

Rüstheim und Eldeniederung

Zu Beginn des 19. Jahrhundert gab es im Dorf bereits eine Schule. Anders als heute richteten sich damals die Schulferien nach geistlichen und weltlichen Feiertagen sowie nach wichtigen Arbeiten des Küsters. Deshalb entstand auch die Bezeichnung „Küsterschule". Langsam wandelte sich die Küsterschule zu einer Grundschule, die in den 1950er Jahren noch keinen Schulhof besaß. 40 Schulkinder mussten damals ihre Pausen auf der Straße Damm/Malchow verbringen, was für die Kinder auch eine spaßige Zeit war.

Das religiöse Leben stand und steht im engen Zusammenhang mit der charmanten Dorfkapelle, die 1929 ihr 700-jähriges Jubiläum hatte. Seit 1965 hat Damm keine eigene Pfarrstelle mehr. Trotzdem konnten ein neuer Gemeinderaum geschaffen und die vollständige Innen- und Außenrenovierung der Kapelle durchgeführt werden.

Ab 1966 begann die Nutzung des Pfarrhauses als Rüstzeit- und Tagungsheim. Die Nutzung als Jugendbildungs- und Erholungsstätte der evangelisch-lutherischen Landeskirche begann 33 Jahre später. Seitdem verbringen hier viele Kinder und Jugendliche eine unbeschwerte Zeit. In Damm wohnten 1991 419 Einwohner, darunter viele junge Familien.

Nach 1991 konnte die Gemeinde eine Anlegemöglichkeit für Kanus und Kajaks bauen sowie die Eldebrücke umfassend sanieren. Im Ortsteil Malchow wurde ein Jägerlehrhof aufgebaut, in dem gleichzeitig die Geschäftsstelle des Landesjagdverbandes M-V zu finden ist. Zusammen mit dem Arbeitskreis Wanderfalkenschutz des deutschen Falkenordens führte man von hier aus von 1995 bis 2000 ein Wiederansiedlungsprojekt für den Wanderfalken durch. Seitdem konnten 75 Jungfalken erfolgreich ausgewildert und bereits Altvögel in der Lewitz gesichtet werden.

In der Gemeinde Damm mit seinen Ortsteilen Malchow, Möderitz, Neu Matzlow und Damm leben heute 531 Einwohner. Immer am letzten Sonntag im März startet um 10 Uhr vor der Gaststätte „Zur Elde" der beliebte „Dammer Eldelauf". Die restaurierte Kapelle sowie die naturnahe Lage im Tal der Elde und am Naturschutzgebiet Eldeniederung sind Grund genug für einen Ausflug in das reizende Lewitzdorf.

---

1 Aus dem Jahre 1219 stammt das Siegel des Bischofs, das ihn sitzend und mit Bischofsstab darstellt.

2 Ein Schulze oder Schultheiß war ursprünglich ein Vollstreckungsbeamter des ordentlichen Richters. Im ländlichen Raum war der Dorfschulze hauptsächlich der Dorfvorsteher und Richter des Dorfgerichtes.

3 Cossaten waren Siedler, die ein wenig Land besaßen und bei der Getreideernte oder beim Holzeinschlag halfen.

Geführte Kanutouren auf der Elde

Treidelpfad am Elde-Kanal zw. Malchow und Garwitz um 1950 – Foto: Lothar Kluck

Ev.-luth. Kirche in Damm

Ev. Landschulheim am Eldetal in Damm

Gemeinde Damm

mit den Ortsteilen Malchow, Damm, Möderitz und Neu Matzlow

* Direkt am Naturschutzgebiet Eldeniederung
* Restaurierte Dorfkapelle aus dem 13. Jh. in Damm
* Anlegemöglichkeit für Kanus und Kajaks an der Elde in Damm
* Jägerlehrhof in Malchow
* Ev. Jugendbildungs- und Erholungsstätte in Damm

Kontakt:
Gemeinde Damm
Amt Parchimer Umland
Walter-Hase-Str. 42
19370 Parchim
Telefon: (03871) 42 130 · E-Mail: info@amtpu.de
Fax: (03871) 421318 · www.amt-parchimer-umland.de

Blick auf die ev.-luth. Kirche in Spornitz

Die Gemeinde Spornitz – *Von der Slawensiedlung zum großen Lewitzdorf*

Spornitz

Der slawische Ortsname „Sporniz" bedeutet soviel wie „ergiebig" oder „ertragreich". Spornitz war schon um 1300 ein bedeutender Ort und hatte deshalb unter plündernden Raubrittern zu leiden. Die Leidtragenden waren vor allem die leibeigenen bäuerlichen Familien, die oftmals hinter den Stadtmauern von Parchim Schutz suchen mussten.

Feldmark und Wolfsrudel

Mitten im Dorf steht die auf einem Sandhügel errichtete Spornitzer Kirche. Sie ist heute das älteste Bauwerk im Dorf. Das Äußere und Innere des Kirchenbaus wurden über Jahrhunderte hinweg verändert. Der Kirchturm, der um 1300 angebaut wurde, ist weit über die umliegende Feldmark sichtbar. Um 1500 gehörte die Spornitzer Kirche zur Diözese Havelberg. Zur heutigen Kirchgemeinde gehören die Dörfer Spornitz und Dütschow sowie die Dörfer Steinbeck/Primank und Matzlow-Garwitz.

Der harte Winter 1740/41 brachte auch für das größte mecklenburgische Bauerndorf viel Hunger und Tod. Damals kamen auch hier Wölfe vor, die vom Hunger getrieben, die Scheu vor dem Menschen verloren und das bäuerliche Vieh dezimierten. Deshalb wurden von 1740 bis 1745 immerhin 625 Wölfe erlegt. Auf dem nicht weit entfernten Silberberg errichtete der Müller HARDER 1756 eine Windmühle. Diese stand bis 1886. Hier konnten die Spornitzer Bauern ihr Korn mahlen und in der angrenzenden Schmiede ihre Pferde beschlagen lassen.

Mehlsack und Amerikafahrer

Der Siebenjährige Krieg[1] mit dem Königreich Preußen brachte vor allem für die leibeigene Bevölkerung hohe Kriegslasten. Ein Ausdruck dafür ist der Preußenkönig FRIEDRICH II., der sagte: „Mecklenburg ist ein dicker Mehlsack, klopft nur drauf, es wird immer noch etwas Mehl herausfallen".

Vor allem das 19. Jahrhundert brachte für die Dorfbewohner einige Verbesserungen. So wurden weitere Büdnereien und die ersten Häuslereien errichtet. Ebenso konnten die Feldmark neu vermessen und mit den Bauern neue Pachtverträge abgeschlossen werden.

Weitere Bauvorhaben sollten den Menschen Arbeit und Brot bringen, um die Auswanderungswelle zu stoppen. So baute man von 1844 bis 1847 eine Chausseestraße von Lübz über Parchim, Spornitz und Neustadt-Glewe nach Ludwigslust. Weiterhin entstand von 1879 bis 1880 die Bahnstrecke von Ludwigslust über Neustadt-Glewe, Dütschow, Spornitz bis nach Parchim. Trotz dieser Maßnahmen entzogen sich viele Spornitzer Bürger der Not, indem sie nach Amerika auswanderten.

Der Schriftsteller und Lehrer JOHANNES GILLHOFF[2] widmete sich diesem Thema. Er war von 1883 bis 1888 Lehrer an der Spornitzer Dorfschule, die 1911 durch einen Schulneubau ersetzt werden konnte. Hier vollendete er 1916 seinen bekannten Roman „Jünjakob Swehn, der Amerikafahrer" und schuf so ein unsterbliches literarisches Werk.

---

1 Der Siebenjährige Krieg wütete von 1756 bis 1763.

2 Johannes Gillhoff lebte von 1861 bis 1930.

Der Heirkaten in Spornitz 1923 mit den Nachtwächtern und deren Frauen – Foto: W. Homuth

.-luth. Backsteinkirche

Altar der ev.-luth. Backsteinkirche

Altes Forsthaus im neuen Glanz

Konsum und Landhotel

Kulturhaus in Dütschow

Ev.-luth. Feldsteinkirche in Dütschow

In den 1930er Jahren lebten in Spornitz bereits 1000 Menschen, die überwiegend in der Landwirtschaft oder im Lederwerk Neustadt-Glewe ihrem Broterwerb nachgingen.

Nach 1945 begann man auch hier damit, die Bodenreform durchzuführen und neue Strukturen zu schaffen. Darunter fielen die Gründung der LPG[1], der Bau eines Schwimmbades und Kindergartens sowie eines Konsum-Lebensmittelgeschäftes.

Nachdem die friedliche Revolution 1990 endete, sind gerade in Spornitz große Investitionen getätigt worden. Darunter fallen die Erneuerung der Straßen und Wege, der Neubau vieler Mehrzweckgebäude, die Gründung der Haupt- und Realschule sowie einer evangelischen Schule.

Der Bau des Landhotels an der B 191 ist ein weiteres positives Merkmal dieser Zeit. Heute ist es unter dem Markenzeichen „Landhotel Spornitz Van der Valk" bekannt und bietet für Touristen und Einheimische einen besonderen Ort der Gastlichkeit.

Die Gemeinde Spornitz erstreckt sich auf einer Fläche von 4880 ha. In ihren Ortsteilen Spornitz, Dütschow, Steinbeck und Primank leben heute 1435 Einwohner. Diese Ortsteile verbindet ein gut ausgebautes Straßen- und Wegenetz. Daher ist die große Lewitzgemeinde ein idealer Ausgangspunkt für Radtouren in das nahe Vogelschutzgebiet Lewitz und in die nahe gelegene Kreisstadt Parchim.

1 Steht für Landwirtschaftliche Produktionsgenossenschaft.

...o: Landhotel Spornitz

Foto: Landhotel Spornitz

Gemeinde Spornitz

mit den Ortsteilen Spornitz, Dütschow, Steinbeck und Primank

* Landhotel Van der Valk in Spornitz
* Kulturhaus und Feldsteinkirche in Dütschow
* Alte neugotische Backsteinkirche aus dem 13. Jh. in Spornitz
* Lebendige Dorffeste und kulturelle Veranstaltungen
* Gastfreundliche Lewitzdörfer mit zahlreichen Dienstleistern und touristischen Anbietern

Kontakt:

Gemeinde Spornitz · Amt Parchimer Umland
Walter-Hase-Straße 42
19370 Parchim
Telefon: (03871) 42 13 0 · Fax: (03871) 42 13 18
E-Mail: info@amtpu.de
Internet: www.amt-parchimer-umland.de

Blick auf die ev.-luth. Kirche St. Marien in Parchim

Die Stadt Parchim – *Historisches Kleinod an der Elde*

Parchim

Die alte mecklenburgische Stadt Parchim grenzt an die sagenumwobenen Sonnenberge, wo einst der Räuber VIETING gehaust haben soll.

Ihre historischen Wurzeln sind bereits im 12. Jahrhundert in einer Urkunde festgeschrieben worden. In dieser ist von der Burg und der Stadt Parchim die Rede. Aufgrund der günstigen Lage am Fluss Elde und der Entwicklung zu einer Festung blieb auch der Aufbau einer wehrhaften Stadt nicht aus. So vereinigte sich bereits 1282 die Alt- mit der Neustadt.

Altes Giebelhaus

Türme und Telegrafenamt

Schon aus der Ferne sind die beiden markanten Parchimer evangelischen Kirchen zu sehen. So fand 1278 die Weihung der St.-Marienkirche statt. Dagegen erhielt die als gotischer Backsteinbau errichtete St.-Georgenkirche 1289 ihre Einsegnung. Sie gehört zweifelsohne zu den größten Kirchenbauten Mecklenburgs.

Zum Schutz der Stadt ließ der Stadtrat im Jahre 1300 eine etwa 5 m hohe Stadtmauer errichten. Bis heute konnten davon einige Teile restauriert und erhalten werden. Bis 1500 hatte sich die Bevölkerungszahl auf 3000 erhöht. Darunter waren auch 50 bis 60 Wollweber, die in jener Zeit zu den ehrbarsten und wichtigsten Handwerksberufen zählten, denn als Weber verarbeiteten sie die Wolle von mecklenburgischen Landschafen und produzierten so eine warme, langlebige und bezahlbare Kleidung.

Nach 1500 stieg die Bevölkerungszahl rasant an. Doch die Pest wütete 1583 und 1626 in Parchim und ließ die Einwohnerzahl auf 1300 sinken. Auch der erste große Stadtbrand im Jahre 1586 förderte den Bevölkerungsschwund weiter.

1648 lebten inmitten der robusten Stadtmauer wieder 1300 Bürger. Trotz der zahlreichen Kriegshandlungen erhöhte sich die Einwohnerzahl bis 1789 auf ca. 4000 Menschen.

1800 wurde in Parchim HELMUTH VON MOLTKE geboren, der sich als fähiger Feldmarschall einen Namen machte. Die Parchimer bezeichnen deshalb auch ihre Stadt als „Moltkestadt". Hier lebten auch die bekannten Literaten FRITZ REUTER, FRIEDRICH GRIESE und ERICH MÜHSAM.

Mitte des 19. Jahrhundert hatte sich Parchim industriell entwickelt. Ausdruck dafür war die Errichtung der Tuch- und Papierfabrik, der Maschinenfabrik BAUER, des Telegrafenamtes und der Gasanstalt. Ebenso entstand 1827 das Friedrich-Franz-Gymnasium und 1890 die heutige Goethe-Schule.

1880 brachte der Anschluss an das Eisenbahnnetz zwischen Parchim und Schwerin einen erneuten wirtschaftlichen Aufschwung. So war es nicht verwunderlich, dass sich die Einwohnerzahl bis 1910 auf ca. 12800 und bis 1939 auf ca. 16000 Menschen erhöhte.

:huhmarkt

Rathaus – erbaut im 14. Jahrhundert

ndenstraße

Blick auf die Altstadt

v.-luth. Kirche St. Marien

Altar der ev.-luth. Kirche St. Marien

Berge und Landestheater

Nach Krieg und Notzeit konnte Parchim seine wirtschaftliche Kraft wiedergewinnen. Das zeigte sich in den 1970er Jahren, als das neue Wohngebiet Weststadt und das Hydraulikwerk entstanden.

In den 1990er Jahren gelang es, den wertvollen historischen Altstadtkern zu sanieren und beide evangelischen Kirchen zu restaurieren. Als sakrale Backsteinbauten dienen sie nicht nur der geistigen Erbauung, sie sind auch ein wichtiger Brutplatz für Turmfalken.

Heute leben in der mecklenburgischen Kreisstadt Parchim, die von den Einheimischen liebevoll „Pütt" genannt wird, über 19300 Menschen.

Nicht nur die idyllische Lage an der Elde und am Rande der Sonnen- und der Ruhner Berge sprechen für Parchim. Vielmehr machen der historische Stadtkern, der Bootshafen, das Mecklenburgische Landestheater und der 60 ha große Wockersee einen Besuch lohnenswert. Ein Geheimtipp ist auch die hier fließende Müritz-Elde-Wasserstraße, auf der Natur- und Wassersportfreunde sowohl zur Elbe als auch in die Mecklenburgischen und Berliner Seen schippern können.

Romantischer Eldeblick

Ev.-luth. Kirche St. Georgen

Ev.-luth. Kirche St. Marien

Die Barockstadt Ludwigslust aus der Vogelperspektive – Foto: Günter Dahnke

Die Lindenstadt Ludwigslust – *Barocker Glanz im Süden Mecklenburgs*

Ludwigslust

Die historischen Wurzeln der Stadt Ludwigslust liegen am Rande der „Griesen Gegend", im wild- und waldreichen Gebiet des Dorfes Klenow.

Bereits 1333 kannte man den Ort aus einer amtlich verbrieften Urkunde. Der mecklenburgische Herzog CHRISTIAN LUDWIG II.[1] machte Klenow zu seinem Jagddomizil. Damit legte er gleichzeitig den Grundstein für dessen kulturelle Entwicklung. Mit der Fertigstellung des ersten Jagdschlosses durch JOHANN FRIEDRICH KÜNNECKE[2] erhielt das Dorf seine namentliche Umwidmung. Dieses verkündigte der Herzog 1754, indem er sagte: „Dass dieser Ort für alle Zeiten „Ludwigs-Lust" genannt werden solle".

Regierungssitz und Kreisstadt

1756 verlegte Herzog FRIEDICH VON MECKLENBURG, auch FRIEDRICH DER FROMME genannt, seinen Regierungssitz nach Ludwigs-Lust. Ab diesem Zeitpunkt begann ein beeindruckendes Aufbauwerk. Imposante Bauten entstanden. Darunter waren das älteste Haus der Stadt, das Fontänenhaus, die evangelisch-lutherische „tempelartige" Stadtkirche, das Barockschloss samt den Kaskaden, die Alte Wache und zahlreiche aus Fachwerk und Backstein errichtete Wohnhäuser. Diese meisterhaften Schöpfungswerke entstanden unter Leitung des Hofbaumeisters JOHANN JOACHIM BUSCH[3]. Neben BUSCH war der Architekt JOHANN GEORG BARCA[4] an der Entwicklung einer einzigartigen Hofkultur aus Architektur, Malerei und Musik beteiligt.

In der Regierungszeit des Großherzogs FRIEDRICH FRANZ I. ließ der Hofbaumeister JOHANN FRIEDRICH VON SEYDEWITZ im Jahre 1809 die katholische Kirche St. Helena fertigstellen. BARCA befasste sich gleichzeitig mit der Fertigstellung des separaten Glockenturms, den er als Ergänzung zum Kirchenbau bis 1817 errichten ließ. Der sakrale Kirchenbau und der dazugehörige separate Glockenturm wurden vor einigen Jahren aufwendig saniert und wirken als besonderes Bauwerk im Ludwigsluster Schlosspark.

Aufgrund der barocken Architektur und des Charakters einer herzoglichen Residenz ist in Ludwigslust bewusst auf einen Marktplatz verzichtet worden.

Nachdem der Großherzog FRIEDRICH FRANZ I. verstarb, begann die Rückverlegung der Residenz nach Schwerin. Trotzdem verlieh Herzog FRIEDRICH FRANZ II. 1876 Ludwigslust das Stadtrecht.

1952 wurde Ludwigslust Kreisstadt des neuen gleichnamigen Landkreises und ein wichtiger Verwaltungssitz. Ab 1991 begann die Stadt mit der Sanierung der barocken Stadtarchitektur. Unter dem ehemaligen, sehr erfolgreich tätigen Bürgermeister HANS JÜRGEN ZIMMERMANN hat sich Ludwigslust eine „grüne Lunge" geschaffen, die überwiegend aus Lindengehölzen besteht. Deshalb bezeichnet man Ludwigslust auch zutreffend als „Lindenstadt". Jährlich stattfindende Festivitäten wie das „Lindenfest", das „Barockfest" und das „Kleine Fest im großen Park" zeugen von der kulturellen Vielfalt der mecklenburgischen Kleinstadt.

---

1 Herzog Christian Ludwig II. lebte von 1683 bis 1756.

2 Johann Friedrich Künnecke war seit 1733 herzoglicher Hofbaumeister.

3 Hofbaumeister und Architekt Johann Joachim Busch lebte von 1720 bis 1802.

4 Hofbaumeister und Architekt Johann Georg Barca wurde 1781 geboren und starb 1850.

Rathaus

Pferdedenkmal mit Alexandrine

Ev.-luth. Stadtkirche

Schlossstraße

Barockschloss

Barockschloss und Papiermaché

Der mecklenburgische Herzog FRIEDRICH VON MECKLENBURG-SCHWERIN beauftragte 1758 den Hofbaumeister JOHANN JOACHIM BUSCH mit der Planung eines neuen Schlosses in Ludwigs-Lust. Dieser neue, massive Steinbau sollte das alte, aus Fachwerk bestehende Jagdschloss ersetzen. Dabei wurden der angrenzende Schlosspark und das Stadtgebiet mit einbezogen. 1770 lag dieser Plan dem Herzog vor. Somit konnte das neue Schloss von 1772 bis 1776 gebaut werden.

Aus Kostengründen wurde der Kern des Schlosses nicht aus Sandstein, sondern aus gebrannten Ziegeln gefertigt. Den Sandstein, den man aus Pirna herbeischaffte, verwendete man nur für die äußere Verkleidung. Über die Flüsse Elbe und Elde musste der Sandstein transportiert werden, um diesen zur Stadt Grabow zu bringen. Danach erfolgte der Weitertransport mit Ochsengespannen nach Ludwigslust.

Die innere Pracht des mondänen Bauwerks ist eine perfekte und beeindruckende Illusion. Deckenschmuck, Amphoren und die Dekoration im Goldenen Saal sowie in anderen Räumlichkeiten sind meisterhaft aus Papiermaché gefertigt.

Bis 1837 war das Ludwigsluster Schloss herzogliche Hauptresidenz, in den Jahren 1837 bis 1920 Neben- bzw. Sommerresidenz. Von der herzoglichen Familie wurde das Schloss bis 1945 als Sommerwohnsitz genutzt.

Das Bundesland Mecklenburg-Vorpommern ließ von 1990 bis 2007 am und im Barockschloss umfangreiche Restaurationsarbeiten durchführen. Diese notwendigen Investitionen haben sich mehr als gelohnt, was die steigenden Besucherzahlen zeigen. Wärmstens zu empfehlen ist ein Besuch des Schloss-Museums, des einzigartigen Naturkundemuseums „Natureum“ und des idyllischen Schlossparks. Er ist heute ein geschütztes Refugium, das für kleine und große Naturfreunde ein besonderes Ausflugsziel darstellt.

Kontakt zum Barockschloss:

Staatliches Museum Schwerin-Schloss Ludwigslust
Schlossfreiheit
19288 Ludwigslust
Telefon: 03874 - 57 190
E-Mail: info@schloss-ludwigslust.de
Internet: www.museum-schwerin.de

Kontakt zum Natureum:

Naturforschende Gesellschaft Mecklenburg e.V. (NGM)
Natureum am Schloss Ludwigslust
Schlossfreiheit 4
19288 Ludwigslust
Telefon: 03874 - 417 889
E-Mail: uwejueg@googlemail.com
Internet: www.naturforschung.info

Kaskaden am Schloss

Alte Wache

„Kleines Fest im großen Park“

Das Barockschloss aus der Vogelperspektive – Foto: Günter Dahnke

Der Schlosspark von Ludwigslust

Der Ursprung des heutigen Schlossparks war ein Barockgarten. Dieser wurde ab 1730 für den Prinzen CHRISTIAN LUDWIG II. von Mecklenburg-Schwerin beim Jagdschloss Klenow angelegt.

Hinter dem im Fachwerkstil errichteten ersten Jagdschloss befand sich als Mittelstück ein rechteckiges Rasenparterre. In dessen mittige Verlängerung pflanzte man die spätere Hofdamenallee und seitlich davon die Lindenallee. Im barocken Teil des Parks gab es einen kleinen und einen großen Garten, die zum Flanieren genutzt wurden.

Wasserfontänen und Schweizerhaus

Natureum

1745 ist oberhalb der Lindenallee der erste Teich angelegt worden. Wahrscheinlich um 1750 erbaute der mecklenburgische Landbaumeister HORST das mehrstöckige Fontänenhaus. In dessen restauriertem Fachwerkbau unterhält heute die Naturforschende Gesellschaft Mecklenburg (NGM) ein sehenswertes Naturkundemuseum.

Nach Übernahme der Regierungsgeschäfte durch Herzog FRIEDRICH VON MECKLENBURG veranlasste dieser weitreichende gestalterische und bauliche Veränderungen. Zwischen 1756 und 1760 entstand zwischen den benachbarten Wasserläufen Stör und Rögnitz der 28 km lange „Ludwigsluster Kanal". Dieser wurde vom Wasser der in der Lewitz fließenden Stör gespeist. Dank seines natürlichen Gefälles diente er dem Transport von Brenn- und Bauholz und zum Betreiben der im Schlosspark vorhandenen „Wasserspiele" und „Wasserkünste". Auch ließen hier die herzoglichen Baukonstrukteure zahlreiche Stege bauen, die später durch Brücken ersetzt wurden. Im Kanal selbst bauten sie die reizvollen „24 Wasserfontänen", die heute „24 Wassersprünge" genannt werden.

1785 starb Herzog FRIEDRICH. Sein Neffe FRIEDRICH FRANZ I. übernahm daraufhin die Regierung in Mecklenburg. Er beauftragte den Hofbaumeister JOHANN JOACHIM BUSCH, weitere Veränderungen im Park vorzunehmen. So wurden angrenzende Waldflächen ausgelichtet, neue, geschwungene Wege angelegt, die als Ruine gedachte „steinerne Grotte" gebaut sowie diverse Strauch- und Baumgruppen integriert. Dabei bezog BUSCH ehemalige Sumpflöcher, Waldflächen und Lichtungen bewusst in die Parkgestaltung mit ein.

Zwischen 1789 und 1790 führte BUSCH auch den herzoglichen Auftrag aus, das Schweizerhaus zu errichten. Dieses idyllisch gelegene Gebäude diente als Sommerwohnsitz für die Herzogin LOUISE.

epavillon

Wasserfontänen und Ludwigsluster Kanal

Schweizerhaus

Baudenkmäler und Landschaftspark

Zwischen 1808 und 1810 ließ der Hofbaumeister und Architekt JOHANN GEORG BARCA das Louisen-Mausoleum erbauen. Das eindrucksvolle Gebäude sollte als letzte Ruhestätte für die beliebte Herzogin LOUISE dienen.

Weitere sehenswerte Baudenkmäler sind das Helenen-Paulownen-Mausoleum, das 1808 JEAN RAMÉE entworfen hatte.

Großherzog und seltene Gehölze

1837 verlegte der Großherzog PAUL FRIEDRICH die Residenz wieder nach Schwerin. Zu diesem Zeitpunkt waren bereits die wichtigsten Veränderungen und Baumaßnahmen im Park abgeschlossen.

Der gebürtige Ludwigsluster Parkgestalter WILHELM BENQUE[1] lieferte 1844 Vorschläge, um den Ludwigsluster Schlosspark weiter zu verschönern. BENQUES Ideen fand der damalige Preußische Gartendirektor PETER JOSEPH LENNÉ[2] durchaus gelungen. LENNÉ erhielt 1852 die Zustimmung des Großherzogs, um diese neuen gestalterischen Vorhaben zu verwirklichen. Ausdruck dieser schöpferischen Schaffensphase ist die Verschmelzung barocker Elemente zu einem großzügigen Landschaftspark.

LENNÉ verwirklichte sein Anliegen vor allem beim malerischen Wasserzug vom Inselteich über den Eichen- und Karauschenteich, der sich bis zum Kirchenteich fortsetzt. Außerdem ordnete er im vorhandenen Waldgebiet umfangreiche Rodungsarbeiten an, damit Fernsichten, Blickachsen, Gartenräume sowie andere gestalterische Merkmale besser wahrgenommen werden konnten. Er setzte außerdem gezielt Stiel-Eichen, Rotbuchen, Linden, Kastanien, Pappeln und Feldahorn ein. Diese Baumarten prägen bis heute den gesamten Schlosspark. Jedoch ließ LENNÉ auch seltene Gehölze, wie Sumpfeiche, Kaukasische Flügelnuss, Rhododendron, Tulpenbaum und Riesen-Mammutbaum pflanzen.

Auf ca. 125 Hektar gelang es dem Hofbaumeister, einen Landschaftspark zu schaffen, der durchaus als ein harmonisches Meisterwerk bezeichnet werden kann.

Bis 1945 sind im Schlosspark Ludwigslust keine wesentlichen Veränderungen mehr vorgenommen worden.

1 Wilhelm Benque lebte von 1814 bis 1895.

2 Peter Joseph Lenné lebte von 1789 bis 1866.

uisen-Mausoleum

Kath. Kirche St. Helena

erbstzauber am Karauschenteich

ıdwigsluster Kanal

Direkt am Schlosspark brütet ein Weißstorchpärchen

Gebirgsstelze

Schutzgebiet und Erholungsraum

Um die hier vorkommende mannigfaltige Natur zu schützen, wurden 1955 7 km² des Ludwigsluster Schlossparks zum Landschaftsschutzgebiet erklärt. Zudem ist ein Teil dieses Lebensraumes als europäisches FFH-Gebiet gemäß europäischer Flora-Fauna-Habitat-Richtlinie ausgewiesen.

Naturschätze und Naturerbe

Im Landschaftsschutzgebiet kommen immerhin 4435 Tier-, Pflanzen- und Pilzarten vor. Darunter sind das Sumpf-Blutauge, die Sumpf-Schwertlilie, der Blutwurz, die Kuckucks-Lichtnelke, das Sumpf-Greiskraut, der Wiesen-Knöterich, das Breitblättrige Knabenkraut, das Wald-Habichtskraut sowie die Breitblättrige Sitter. Misch- und Bruchwald sind Lebensraum für den Habicht, den Waldkauz, die Hohltaube, den Mittelspecht und den Kranich.

In und von altem oder totem Holz lebt der Eremit. Er gehört zu den größten Käfern unserer Breiten und ist auf europäische Sicht bezogen eine bedeutsame Tierart. Im dichten Unterholz halten sich regelmäßig Rot- und Schwarzwild auf. Säugetiere wie der Feldhase, der Baummarder, auch der zu den Fledermäusen gehörende Große Abendsegler und die zierliche Zwergmaus wurden ebenfalls im Landschaftsschutzgebiet nachgewiesen. Herausragend ist auch die Pilzwelt. Arten wie der Tiger-Rötling, die Stinkmorchel, der Buchen-Stachelbart, der Pustel-Schneckling, der Flaschen-Stäubling und der Orange-Becherling sind nur ein kleiner Teil dieser faszinierenden Welt.

Den Schlosspark durchziehen und prägen ausgedehnte natürliche und nichtnatürliche Wasserläufe. Von diesen Feuchtlebensräumen sind vielerlei Lebewesen abhängig. Ein Beispiel sei dafür die hier vorkommende Insekten-, Spinnen- und Amphibienwelt. Entlang der Kanäle und Bäche fliegen Libellen wie die Nordische Moosjungfer, der Große Blaupfeil, die Herbst-Mosaikjungfer oder die Gebänderte Prachtlibelle. Insgesamt 616 Schmetterlingsarten, darunter der Schwalbenschwanz, der Große Fuchs, der Kaisermantel, der Schönbär, der Weißdornspinner, die Schilfeule sowie die Eichenglucke, finden auf Wiesen, im Wald und an den Gewässern Lebens- und Rückzugsraum.

Spinnentiere sind mit 152 Arten im Schlosspark heimisch. Unter den bekannten Vertretern dieser Spezies fallen natürlich die großen Arten wie die Kreuzspinnen, die Wespenspinne, die Wolfsspinne oder die Listspinne auf. Dagegen wird der Naturfreund die Wasserspinne nur sehr selten sehen können. Der Teichmolch und der Wasserfrosch sind ebenso dem nassen Element zugetan wie die Wasserspitzmaus. Ebenfalls nachgewiesen wurden Erdkröten, Knoblauchkröten, Wechselkröten und Waldeidechsen. Flächendeckend kommt die Ringelnatter im Gebiet vor. Ein Vorhandensein vom Moorfrosch und der seltenen Kreuzotter sind möglich.

Der Ludwigsluster Malakologe UWE JUEG konnte 111 Molluskenarten erfassen. Herausragende Vertreter dieser Weichtiere sind die Bauchige Windelschnecke, die Längliche Sumpfschnecke sowie die Ufer-Laubschnecke.

An den sauberen Bächen und Gräben sind die „zit" „zit" rufende scheue Wasseramsel, der farbenprächtige Eisvogel und die zierliche Gebirgsstelze zu beobachten. Direkt am Rande des Schlossparks brütet schon seit Jahren ein Weißstorchpärchen. Die Alt- und Jungvögel nutzen die Feuchtwiesen des Parks, die ihnen ausreichend Nahrung bieten.

Der größte heimische Wassermarder unserer Breiten, der Fischotter, nutzt das Landschaftsschutzgebiet schon seit Jahrzehnten als Durchzugs- und Nahrungsraum.

Naturschutz und Natur erleben

Neben dem hauptamtlichen Naturschutz gab und gibt es zahlreiche Bemühungen, praktische Naturschutzmaßnahmen im Ludwigsluster Schlosspark ehrenamtlich zu begleiten und durchzuführen. Organisationen wie der Bund für Umwelt und Naturschutz Deutschland (BUND) als auch die Naturforschende Gesellschaft Mecklenburg (NGM) sind hier besonders hervorzuheben.

Stinkmorchel

Die NGM konnte sogar 2009 ein reich illustriertes Buch über das Schutzgebiet veröffentlichen. Erstmalig gelang es damit einer Institution, den vorhandenen Tier- und Pflanzenbestand nachhaltig zu dokumentieren und dieses wertvolle Naturinventar aufzulisten. Damit stellt das Buch die größte Erfassung dieser Art in Mecklenburg-Vorpommern dar. Auf dem Gelände des Naturerlebniszentrums „Drusenhorst" ließ die Stadt Ludwigslust im Jahre 2003 einen 300 m² großen Naturteich anlegen. Zusammen mit dem angrenzenden Wassergraben bietet dieses Kleinod Lebens- und Nahrungsraum für den Moorfrosch, für Grünfrösche, den Teichmolch und die Erdkröte. Die Libellenfauna ist u. a. mit der Vierflecklibelle, der Herbst-Mosaikjungfer, der Azurjungfer und der Frühen Adonislibelle vertreten. Am Gewässerufer halten sich außerdem der Eisvogel, der Zaunkönig sowie die Weiden- und Haubenmeise auf.

Seit 1997 fördert das Land Mecklenburg-Vorpommern umfangreiche Sanierungsarbeiten im 250 ha großen, denkmalgeschützten Parkbereich. Der Sanierungsbedarf bei Baudenkmälern, Brücken und Wasserläufen war unübersehbar. Die Maßnahmen waren notwendig und sind deshalb sehr zu begrüßen. Eine Ausnahme bildet hier der Ludwigsluster Kanal. Die Sanierung der Uferbereiche zwischen der steinernen Brücke und den 24 Wassersprüngen hätten durchweg umweltschonender und tierschutzgerechter durchgeführt werden müssen.

Die „Lindenstadt" Ludwigslust engagiert sich ebenfalls seit vielen Jahren für den Natur- und Landschaftsschutz im Schlosspark. Im Bereich der „14 Alleen" ließ der Stadtförster KARL-AUGUST IHDE einen sehenswerten Waldlehrpfad, einen rustikalen Rastplatz, eine Schutzhütte und einen Beobachtungsstand errichten. Überzeugen Sie sich selbst von diesem Ruheplatz, an dem Sie der Vogelwelt lauschen und mit etwas Glück auch den scheuen Eisvogel beobachten können.

Ich empfehle Ihnen, den Ludwigsluster Schlosspark entweder zu durchwandern oder mit dem Fahrrad zu erkunden. Falls Sie an einer geführten Exkursion interessiert sind, begleite ich Sie gerne und zeige Ihnen die schönsten Seiten dieses reizvollen Landschaftsparks und Schutzgebietes.

Mittelspecht

Haubenmeise

Dickkopffalter

Eisvogel (Weibchen)

Landschaftsschutz- & Fauna-Flora-Habitat-Gebiet Schlosspark Ludwigslust

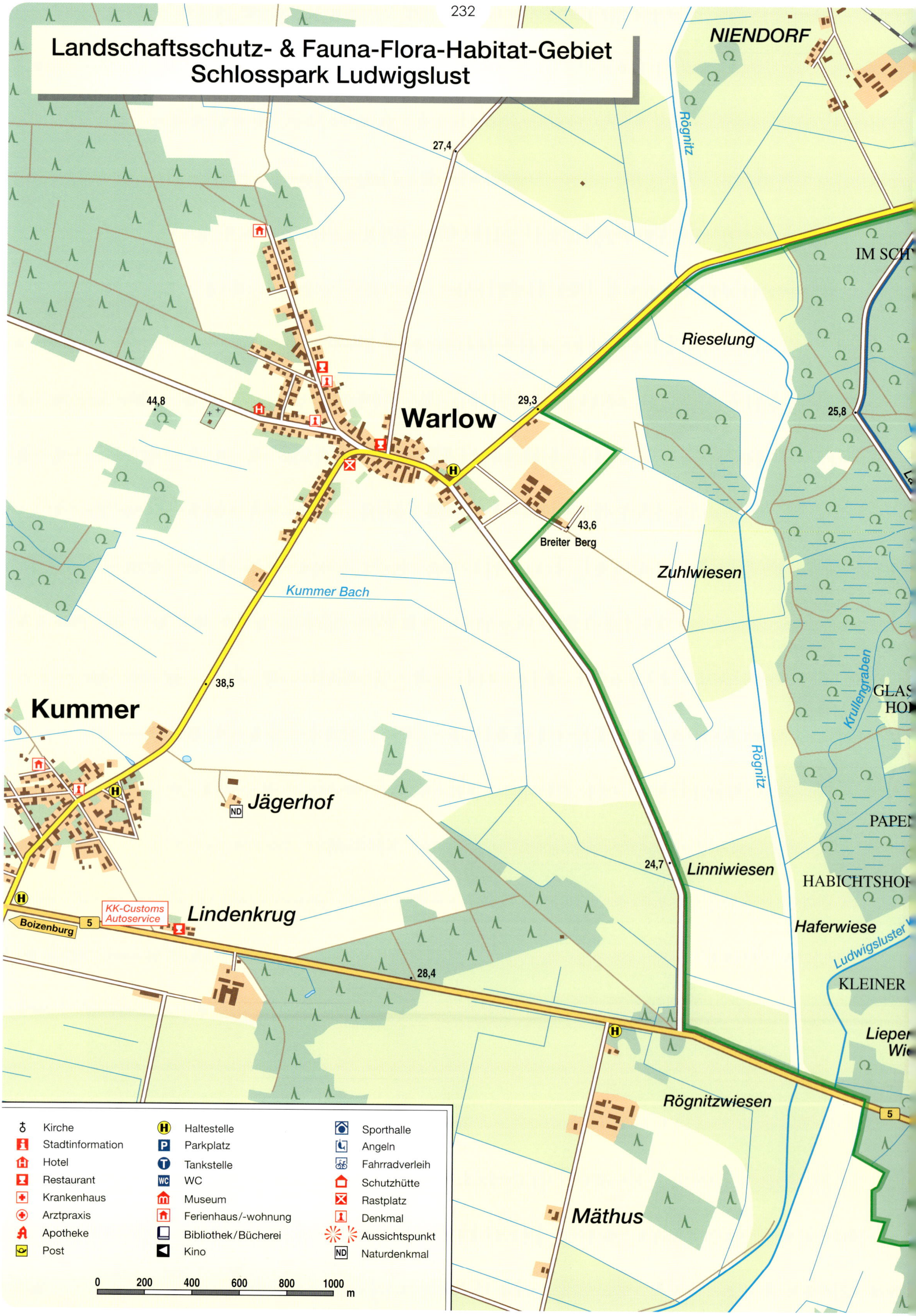

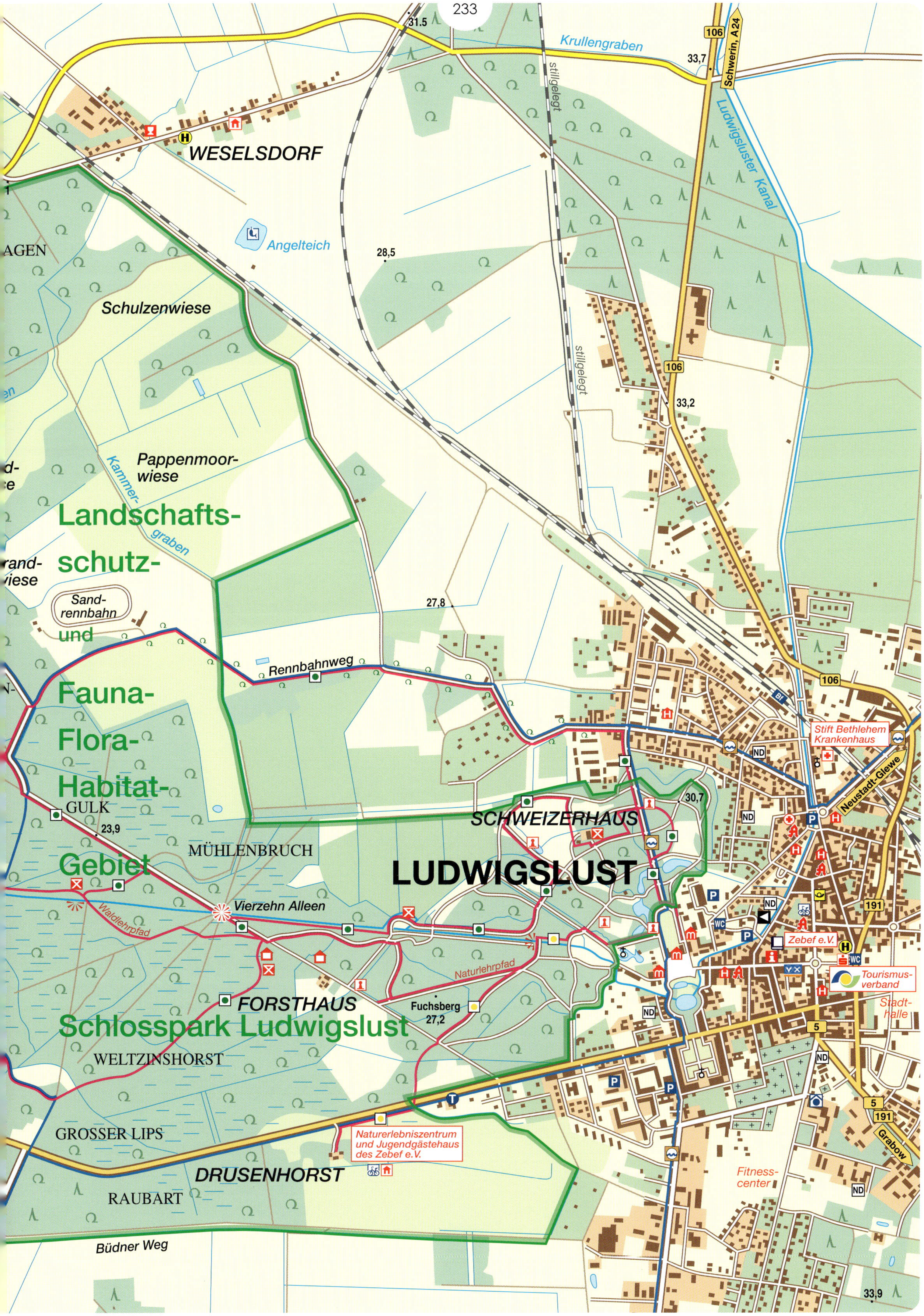

31,5
106
Krullengraben
33,7
Schwerin, A24
stillgelegt
WESELSDORF
Ludwigsluster Kanal
Angelteich
28,5
AGEN
Schulzenwiese
106
stillgelegt
33,2
Pappenmoor-
wiese
Kammer-
graben
Landschafts-
schutz-
und
Fauna-
Flora-
Habitat-
Gebiet
Sand-
rennbahn
27,8
Rennbahnweg
106
Bf
Stift Bethlehem
Krankenhaus
ND
Neustadt-Glewe
30,7
GULK
23,9
SCHWEIZERHAUS
MÜHLENBRUCH
LUDWIGSLUST
Vierzehn Alleen
Weidlehrpfad
191
Zebef e.V.
WC
Naturlehrpfad
Tourismus-
verband
FORSTHAUS
Fuchsberg
27,2
Schlosspark Ludwigslust
Stadt-
halle
5
WELTZINSHORST
5
191
Grabow
GROSSER LIPS
Naturerlebniszentrum
und Jugendgästehaus
des Zebef e.V.
Fitness-
center
DRUSENHORST
RAUBART
Büdner Weg
33,9

Parasolpilz oder Riesenschirmpilz

Mit dem Drahtesel die Lewitzlandschaft erkunden

Heute kennt man das Lewitzgebiet auch als die „Mecklenburger Puszta". Dieser Vergleich ist durchaus zutreffend, da die flache Lewitzlandschaft ähnliche Merkmale wie die ungarische Tiefebene aufweist.

Auf gelb blühenden Wiesenflächen zieht die größte Pferdeherde Europas fast ganzjährig ihre Bahnen. Im Herbst gesellen sich über 50000 nordische Gänse hinzu, um hier zu rasten und teilweise auch zu überwintern. Gerade deshalb ist das Gebiet ein Naturparadies für Menschen, die sich nach Ruhe und einer Symbiose von Natur und Kultur sehnen. Das ist in dieser historischen Kulturlandschaft kein Widerspruch, da es weder Massentourismus noch riesige Hotelkomplexe gibt.

Radwanderer auf dem Spornitzer Damm

Zahlreiche markierte Radwege schlängeln sich an schier unendlichen Wiesenflächen vorbei und durchqueren lichtdurchflutete Wälder. Am Wegesrand stehen imposante knorrige Baumriesen, die wie Relikte aus einer vergangenen Zeit wirken. Eine weitere Besonderheit findet man im südlichen Teil des Europäischen Vogelschutzgebietes. Hier schuf der Mensch die größte zusammenhängende Teichfläche in Europa. Über diesem blau glänzenden Mosaik kreisen Fisch- und Seeadler. Hier ziehen seltene Libellen ihre Bahnen und leben Beutelmeisen, Eisvögel, Rotbauchunken und Fischotter. Zahlreiche Fließgewässer durchziehen die weite mecklenburgische Landschaft. Davon sind die Störwasserstraße und die Müritz-Elde-Wasserstraße touristisch bedeutsam. So bereitet es wahre Freude, auf dem „Blauen Band Mecklenburgs" gemächlich dahinzugleiten, um in den Städten Schwerin, Neustadt-Glewe oder Parchim vor Anker zu gehen.

Gerne begleite ich Sie oder plane für Sie Ihre Touren auf Schusters Rappen, auf dem Fahrrad, mit Ihrem PKW oder in Ihrem Reisebus. Wer ein besonderes Naturerlebnis buchen möchte, kann dieses auf einem Kremserwagen, bei einer Kanutour oder in einem Heißluftballon hautnah erleben. Alle Erlebnistouren richten sich nach Ihren Wünschen und Ihren körperlichen Voraussetzungen.

Ich führe Sie an uralten Eichen vorbei, fahre mit Ihnen zu den riesigen Fischteichen und zeige Ihnen majestätisch wirkende Seeadler. Natürlich werden wir auch zusammen viele heimische Pflanzen, Pilze und Insektenarten kennenlernen.

Falls Sie die Lewitzlandschaft ganz in Familie erkunden möchten, habe ich für Sie die schönsten Radwandertouren zusammengestellt. Folgende Routenvorschläge möchte ich Ihnen persönlich empfehlen:

1. Radweg/Straße rund um die Lewitzstadt Neustadt-Glewe

Neustadt-Glewe - Hohesfeld - Tuckhude - Neuhof - Kronskamp - Neustadt-Glewe
(ca. 10 km – geringe Anforderungen)

Entdecken und Erleben:

* **Neustadt-Glewe:** restaurierter, mittelalterlicher Stadtkern, Alte Burg mit Burgmuseum, ev.-luth. Stadtkirche, Campingplatz am See, gemütliche Hotels, Pensionen und Gaststätten, Rastplatz und Gaststätte „Wirtshaus am Rande"
* **Tuckhude:** Rast- und Informationspunkt Wiesenmeisterei
* **Neuhof:** Lewitzfisch mit Fischverkauf jeweils am Donnerstag und Freitag am Neuhöfer Teich, Gaststätte „Lütt Hus" mit Außenterrasse und gutbürgerlicher Küche
* **Kronskamp:** schöner Blick auf die „Alte Elde"
* **Naturbeobachtungen an der Alten Elde:** u. a. Biber, Fischotter, Eisvogel, Drosselrohrsänger, Ringelnatter, Erdkröte, Wasserfrosch, Gebänderte Prachtlibelle, Vierflecklibelle, Schwanenblume, Sumpf-Schwertlilie

2. Radweg/Feldweg/Straße durch Wiesen und Wälder zu den Fischteichen

Goldenstädt - Jamel - Waldlewitz - Störkanal - Wiesen- und Teichlewitz - Birkenweg - Neuhof - Neustadt-Glewe - Wiesenmeisterei Tuckhude - Jagdschloss Friedrichsmoor - Goldenstädter Damm - Goldenstädt
(ca. 48 km – teilweise erhöhte Anforderungen)

Entdecken und Erleben:

* **Goldenstädt:** sehenswerte Dorfkirche, Naturlabyrinth mit Rastplatz und Aussichtsturm
* **Jamel:** Forsthaus mit Honig- und Kürbisverkauf, Parkplatz „Lewitzborn", Naturlehrpfad Schwarzer Damm, Naturraum Waldlewitz
* **Störkanal:** Schwarz- und Rotwild, Eisvogel, zahlreiche Libellen- und Schmetterlingsarten Naturschutzgebiet „Fischteiche" mit interessanten Naturbeobachtungen: u. a. See- und Fischadler, Rohrweihe, Rotbauchunke, Moorfrosch, Ringelnatter, Herbstmosaikjungfer (Teichgebiet bitte nicht betreten – NSG!)
* **Wiesenlewitz mit Naturbeobachtungen:** u. a. Graureiher, Kranich, im Herbst Saat-, Bläss- und Nonnengans, Eichenreihe am Stahlberger Damm, Pferdeherden
* **Neuhof:** Pensionen und Gästezimmer, immer am ersten Novemberwochenende großes Teichfest am Neuhöfer Teich
* **Neustadt-Glewe:** Flugplatz-Rundflüge und geführte Fahrten mit dem Heißluftballon, Badesee, Einkaufsmöglichkeiten
* **Friedrichsmoor:** sehenswertes barockes Jagdschloss mit Gaststätte und Hotel, Naturraum Waldlewitz mit Naturbeobachtungen: u. a. Schwarzmilan, Mäusebussard, Mittelspecht, Eisvogel, Zauneidechse, Libellen: u. a. Azurjungfern, Mosaikjungfern

Radwanderer am Störkanal

3. Radweg/Straße durch alte Alleen und über blaues Wasser

Neustadt-Glewe - Tuckhude - Friedrichsmoorsche Allee - Fahrbinder Damm - Dütschower Hochbrücke - Friedrich-Franz-Kanal - Spornitzer Wiese - Wiesenlewitz - Neuhof - Neustadt-Glewe
(ca. 24 km – teilweise erhöhte Anforderungen)

Entdecken und Erleben:

* **Neustadt-Glewe:** Stadtinformation, Wasserwanderrastplatz,
* **Tuckhude:** Rast- und Informationspunkt Wiesenmeisterei, Friedrichsmoorsche Allee
* **Wiesenlewitz mit Naturbeobachtungen:** u. a. Pferdeherden, Rehwild, Kiebitz, Wildgänse, Rot- und Schwarzmilan, Feldlerche
* **Dütschower Hochbrücke:** Rast- und Informationspunkt Fischteiche mit Aussichtsturm, Blick auf das Naturschutzgebiet „Fischteiche" sowie auf den Friedrich-Franz Kanal (Teichgebiet bitte nicht betreten – NSG!)
* **Wiesen- undd Teichlewitz mit Naturbeobachtungen:** u. a. Seeadler, Wanderfalke, Turmfalke, Graureiher, Silberreiher, Kranich, Graugans, im Herbst Saat-, Bläss- und Nonnengans

4. Waldweg/Radweg/Straße rund um die Forstscheune Bahlenhüschen

Forstscheune Bahlenhüschen - Hütter Damm - Ganshorster Damm - Tramm - Göhren - Bahlenhüschen - Forstscheune Bahlenhüschen
(ca. 17 km – teilweise erhöhte Anforderungen)

Entdecken und Erleben:

* **Bahlenhüschen:** Rast- und Informationspunkt Forstscheune, restaurierte Forstscheune aus dem Jahre 1770
* **Tramm:** sehenswerte Feldsteinkirche, Pension und Gästezimmer
* **Göhren:** Bademöglichkeit am Settiner See
* **Naturraum Waldlewitz mit Naturbeobachtungen:** u. a. Habicht, Kranich, Rehwild, Schwarzwild, Schwarz- und Grünspecht, Waldlaubsänger, Pirol, Rotfuchs, Feldhase

5. Straße/Radweg von Parchim zu den Fischteichen

Parchim - Malchow - Damm - Matzlow-Garwitz - Spornitzer Hochbrücke - Birkenweg - Dütschower Hochbrücke - Dütschow - Spornitz - Kiekindemark - NSG Sonnenberg - Slate - Parchim
(ca. 50 km – teilweise erhöhte Anforderungen)

Entdecken und Erleben:

* **Parchim:** Stadtinformation, historische und restaurierte Altstadt, Brockis Hotel, Hotel Mecklenburger Hof, ev.-luth. Kirchen St. Marien und St. Georgen, Landestheater, verschiedene Einkaufsmöglichkeiten
* **Matzlow-Garwitz:** Freibad, Gaststätte Kutscherstube, Bootsanleger, Lewitzcamp Gurtler mit Wasserwanderrastplatz und geführten Kanutouren auf der Elde, Eldepark Kremke, sehenswerte Dorfkirche in Garwitz und Matzlow
* **Naturraum Fischteiche:** zahlreiche Natur- und Vogelbeobachtungen (Teichgebiet bitte nicht betreten – NSG!)
* **Wiesen- und Teichlewitz mit zahlreichen Naturbeobachtungen:** u. a. Wanderfalke, Roter Milan, Turmfalke, Rohrweihe, Fischadler, Kranich, Silberreiher, Tafel-, Reiher-, Schnatter- und Pfeifente, Zwerg- und Haubentaucher
* **Kiekindemark:** wunderschöner Weitblick über die Lewitzlandschaft
* **NSG Sonnenberg:** wertvolles Waldgebiet mit den höchsten Douglasien in Mitteleuropa
* **Slate:** Bootsanleger, Übernachtungsmöglichkeit, Gaststätte, Campingplatz

6. Radweg/Feldweg/Straße auf dem Raseneisensteinradweg zum Baden und Entdecken

Ludwigslust - Groß Laasch - Klein Laasch - Neustadt-Glewe - Tuckhude -
Kiessee Dreenkrögen - Wöbbelin - durch die Feldflur nach Neu Lüblow - Weselsdorf -
LSG Schlosspark Ludwigslust - Ludwigslust
(ca. 48 km – teilweise erhöhte Anforderungen)

Entdecken und Erleben:

* **Ludwigslust:** Stadtinformation, Barockstadt mit zahlreichen Sehenswürdigkeiten, einzigartiger Schlosspark, Einkaufsmöglichkeiten, Sanddornprodukte in der Apfelscheune von Herud und Wegert, Landhotel de Weimar, Hotels und Pensionen, Mehrgenerationenhaus des Zebef e.V., Café & Restaurant Alte Wache
* **Wöbbelin:** Theodor-Körner-Museum, Mahn- und Gedenkstätte, sehenswerte Eichenallee, Dorfkern mit restaurierten Bauernhäusern, Gaststätten Kiessee Dreenkrögen mit Freibad und separatem FKK-Strand
* **Neu Lüblow:** sehenswertes mecklenburgisches Bauerndorf
* **Weselsdorf:** Gaststätte, Angelteich
* **LSG Schlosspark Ludwigslust:** Natureum am Schloss, Barockschloss, Schweizerhaus

7. Lewitz Radrundweg

Banzkow - Mirow - Jamel - Goldenstädt - Friedrichsmoor - Tuckhude -
Neustadt-Glewe - Neuhof - Fischteiche - Dütschow - Spornitz - Matzlow-Garwitz -
Damm - Malchow - Alt Damerow - Domsühl - Schlieven - Raduhn - Rusch - Klinken -
Tramm - Bahlenhüschen - Göhren - Crivitz - Zietlitz - Sukow - Zietlitz - Peckatel - Plate -
Consrade - Schwerin - Plate - Banzkow
(ca. 110 km – teilweise große Anforderungen)

Entdecken und Erleben:

* **Banzkow:** Touristinformation, Backsteinkirche aus dem 19. Jahrhundert, Trend Hotel mit Störtal-Museum, Hotel Lewitzmühle, Gästezimmer
* **Mirow:** Lewitzdorf mit schöner Lindenallee, zahlreiche restaurierte Bauernhäuser, Backsteinkirche aus dem 19. Jahrhundert, Pension Storchenvoss mit Garten und Weitblick in die Wiesenlewitz, Lewitzboot Foese
* **Jamel:** Honigverkauf am Forsthaus
* **Goldenstädt:** sehenswerte Dorfkirche aus dem 14. Jahrhundert
* **Tuckhude:** Rast- und Informationspunkt Wiesenmeisterei
* **Neustadt-Glewe:** Neues Schloss mit erstklassigem Hotel, Café Rosenstraße No 12, Pension am See, Café Mahnke, Fahrradreparatur, Einkaufsmöglichkeiten
* **Spornitz:** Landhotel Van der Valk, Bäckerei Eckert, Pension Leuschner, Feldsteinkirche mit Backsteinwerk aus dem 13. Jahrhundert
* **Dütschow:** alte Feldsteinkirche aus dem 13. Jahrhundert
* **Matzlow-Garwitz:** Lewitzschleuse, Wasserwanderrastplatz und Lewitzcamp Gurtler, Gaststätte Kutscherstube, Eldepark Kremke, sehenswerte Dorfkirchen

Blick auf das Schweriner Schloss und die Altstadt

* **Malchow:** Forsthof mit Rastplatz
* **Alt Damerow:** Freilichtmuseum Pingelhof, Fachwerkkirche aus dem 18. Jahrhundert
* **Domsühl:** Dorf mit kostbarem und sehenswertem Eichenbestand, restaurierte Dorfkirche, Bäckerei und Konditorei Neckel, Pension und Gaststätte, Landwirtschaftsbetrieb Kastanienhof
* **Raduhn:** restaurierte Backsteinkirche, Floristisches und Kulinarisches von Kathrin Völzer, Gästezimmer, Einkaufsmöglichkeit
* **Rusch:** Töpferei Blue Mango und Mecklenburger Vögel, Alter Forsthof mit Rastplatz
* **Klinken:** restaurierte Dorfkirche aus dem 14. Jahrhundert mit kostbaren Wandmalereien und restaurierter Orgel, Rastpunkt am Klinker See
* **Tramm:** alte Feldsteinkirche aus dem 14. Jahrhundert, Bäckerei, Gästezimmer
* **Bahlenhüschen:** Forsthof mit Rastplatz und Forstscheune, Erlebnis- und Erholungsraum Waldlewitz mit Waldlehrpfad
* **Göhren:** Bademöglichkeit am Settiner See
* **Crivitz:** Backsteinkirche aus dem 14. Jahrhundert, See mit Rundwandermöglichkeit, Gaststätten, Naturerlebnis Arboretum, Einkaufsmöglichkeiten, Schloss Basthorst, Hotel Waldschlösschen
* **Zietlitz:** Kinderbauernhof mit Rastplatz
* **Sukow:** Reiterpension Mietz mit geführten Kremsertouren, neugotische Backsteinkirche aus dem 19. Jahrhundert, Einkaufsmöglichkeit, Landgasthaus „Zur Tenne"
* **Peckatel:** kleinste Fachwerkkirche Norddeutschlands
* **Consrade:** sehenswerte Fachwerkkirche aus dem 19. Jahrhundert
* **Schwerin:** Landeshauptstadt und Stadt der sieben Seen, zahlreiche restaurierte Kirchen, Fahrradverleih und Fahrradreparatur, Hotels, Pensionen, Museen, Gaststätten und Cafés, Fernsehturm mit Gaststätte, Freilichtmuseen Muess und Schleifmühle, Naturkontaktstation Zippendorf, Zoologischer Garten
* **Plate:** Lewitzradler-Fahrradverleih und Fahrradreparatur, gemütliche Gaststätten, Übernachtungsmöglichkeiten, geführte Schiffstouren mit dem Lewitz-Kieker, Backsteinkirche aus dem 19. Jahrhundert, Feuerwehrmuseum, Einkaufsmöglichkeiten
* **Banzkow:** Einkaufsmöglichkeit im KONSUM, Gästeführungen, Schleuse

Schwarzer Milan

Roter Milan

Raderlebnis Lewitzlandschaft
entdecken–erleben–genießen
SCHWERIN
SCHWERINER SEE
Naturpark Sternberger Seenland
CRIVITZ
Europäisches Vogelschutzgebiet
Lewitzrand
Lewitz
PARCHIM
NEUSTADT-GLEWE
LUDWIGSLUST
LSG & FFH Gebiet Schlosspark Ludwigslust
Zeichenerklärung
Radwanderstrecke mit Tourennummer
sandiger Wegeabschnitt
Kirche, Kloster
Tourist-Information
Hotel, Pension
Campingplatz
Gasthaus, Restaurant
Rastplatz
Rasthütte
Info-Tafel
Flugsport, Rundflug
Museum
Gutshaus, Herrenhaus
Reiten, Kremser
Forsthaus
Einkaufsmöglichkeit
Sagenstätte
Windmühle
Festung, Burg, Schloss
Denkmal
Aussichtsturm
Aussichtspunkt
hervorragender Baum
Sehenswürdigkeit
Parkplatz
Fahrradverleih, -reparatur
Bademöglichkeit
Hallenbad
Hafen/Marina
Fahrgastschifffahrt
Bootsverleih
Segeln
Wassermühle
Angeln
Wasserwanderrastplatz
Schleuse
0 1 2 3 km

Damit Sie Ihre Fahrrad- oder Wandertouren in Ruhe planen können, habe ich für Sie diese Radwander- und Wanderkarten erarbeitet. Erhalten können Sie dieses Kartenmaterial und meine hochwertigen Lewitzpostkarten bei den örtlichen Touristenformationen oder beim Tourismusverband Mecklenburg-Schwerin.

Sollten Sie an einer speziellen Erlebnistour interessiert sein, würde ich Sie gerne dabei begleiten. Ganz gleich ob Sie nur eine Stunde, einen Tag oder mehrere Tage Zeit haben. Ob zu Fuß, mit dem Fahrrad, in einem Kremserwagen, in Ihrem Reisebus oder PKW sowie in einem Heißluftballon, jede Führung ist individuell planbar.

Außer den geführten Ballonfahrten können meine Erlebnistouren immer vor Ihrem Hotel oder vor Ihrer Pension aus starten und enden. Natürlich kann auch ein individueller Treffpunkt vereinbart werden. Die Ballonfahrten starten entweder von Neustadt-Glewe oder von Schwerin. Ich freue mich auf Sie und wünsche Ihnen einen angenehmen Aufenthalt.

Peter Kast
Ingenieurbüro für Kartografie

Seit der Gründung des Büros im Dezember 1990 bilden Behörden, renomierte Verlage, Tourismusverbände und Unternehmen der verschiedensten Branchen aus allen Teilen Deutschlands und der Europäischen Union unseren Auftraggeberkreis.

Traditionelle Qualitätsansprüche an Landkarten werden in unserem Büro seit 1990 gepflegt und heute mit den Möglichkeiten der digitalen Technik umgesetzt.

Qualifizierte Mitarbeiter in Wismar und in Dresden, Engagement und ein sehr hoher Anspruch an die Qualität der Arbeitsergebnisse bilden bewährte Grundlagen der Zusammenarbeit mit unseren Auftraggebern – von der Konzeption bis zur Veröffentlichung.

Landkarten made in Wismar seit 1990

Leistungsspektrum

- Stadtkarten
- Wander- und Radwanderkarten
- Kreis- und Landeskarten
- Geschichtskarten
- Karten für geografische und historische Atlanten
- Karten für Schulbücher
- Karten und Grafiken für Sachbücher
- Geologische Karten
- Karten für den Naturschutz
- Detaillierte Lagepläne
- Thematische Karten für alle Zwecke
- Karten für Internetpräsentationen

- Flash- Animationen für Präsentationen

www.kartografie-kast.de

Dr.-Leber-Str. 36, 23966 Wismar
Tel.: 03841 / 30 38 60

Vielfalt erleben!

Neben dem beeindruckenden Naturreichtum können Sie sowohl im Lewitzgebiet als auch in Westmecklenburg aus einem interessanten Angebot an Veranstaltungen auswählen. Dieses breite Spektrum spiegelt eine gewachsene kulturelle Vielfalt wider, die Ihren Urlaubsaufenthalt zu einem unvergesslichen Erlebnis werden lässt. Tauchen Sie ein in mittelalterliche Feste und Märkte, entdecken und probieren Sie heimische Produkte und erleben Sie imposante, heißblütige Darbietungen hoch zu Pferde.

Falls Sie Fragen oder Anregungen haben, wenden Sie sich bitte an die aufgelisteten Stadt- und Touristenformationen. Hier hilft man Ihnen gerne weiter und teilt Ihnen auch den genauen Tag der jeweiligen Veranstaltung oder Festivität mit.

Internationales Burgfest in Neustadt-Glewe

Januar

* Neujahrsanbaden in der Stör in Banzkow
  und in der Ostsee im Ostseebad Boltenhagen

Februar

* Karneval in Goldberg
* Karnevalsparade des TCC in Ludwigslust/Techentin
* Straßenkarneval und Festumzug in Dömitz
* Karneval Crivitz

März

* Heringstage in Wismar
* Lichterfest in Grabow
* Thekennacht in Schwerin
* Frühlingsmarkt auf dem Töpferhof Döscher in Tewswoos

Drachenbootrennen auf dem Störkanal – Foto: Herbert Weisrock

April

* Biosphäre-Schaalseemarkt am Pahlhuus in Zarrentin
* Saisonstart Frühlingsfest auf dem Pingelhof in Alt Damerow
* Brennholztag an der Forstscheune in Bahlenhüschen
* Hoffest an der Apfelscheune Herud & Wegert in Ludwigslust
* Drachenbootrennen auf der Stör zwischen Banzkow und Gaartzer Brücke
* Großer Mittelaltermarkt in Groß Raden

Mai

* Biosphäre-Schaalseemarkt am Pahlhuus in Zarrentin
* Internationales Fahr- und Reitturnier in Blievenstorf bei Neustadt-Glewe
* Deutsche Flugmeisterschaften in Neustadt-Glewe
* Frühlingsfest auf dem Pingelhof in Alt Damerow
* Stadtfest in Parchim
* Holzfest im Nettelrad in Banzkow
* Barockfest in Ludwigslust
* Kunst Offen-Künstler öffnen ihre Ateliers für Besucher

Juni

* Biosphäre-Schaalseemarkt am Pahlhuus in Zarrentin
* Internationales Burgfest in Neustadt-Glewe
* Lindenfest in Ludwigslust
* Schweriner Schlossfest
* Hafentage in Wismar
* Altstadtfest in Hagenow
* Heimatfest in Sternberg
* Stadtfest in Grabow
* Sommerfest am Kloster Dobbertin
* Brennerfest Ziegelei Benzin

Juli

* Biosphäre-Schaalseemarkt am Pahlhuus in Zarrentin
* Landesmeisterschaften im Dressur- und Springreiten in Sukow
* Neptunfest am See Neustadt-Glewe
* Münzfest in Gadebusch
* Badewannenregatta auf dem Störkanal zwischen Banzkow und Gaartzer Brücke
* Stadtfest in Boizenburg
* Strandfest im Ostseebad Boltenhagen
* Strandfest in Plau am See

August

* Biosphäre-Schaalseemarkt am Pahlhuus in Zarrentin
* Kleines Fest im grossen Park – Kleinkunstfestival im Schlosspark Ludwigslust
* Inselfest im Ostseebad Insel Poel
* Theodor-Körner-Sommerfest in Wöbbelin
* Seebrückenfest mit Synchronfeuerwerk im Ostseebad Boltenhagen
* Puppen im Park – verzauberte Darbietungen im Schweriner Schlossgarten
* Drachenbootfestival und Fest am Pfaffenteich in Schwerin
* Schwedenfest in der historischen Altstadt von Wismar
* Winzerfest in Schwerin

Badewannenregatta auf dem Störkanal

Holzfest am Jagdschloss Friedrichsmoor

September

* Biosphäre-Schaalseemarkt am Pahlhuus in Zarrentin
* Holzfest in Friedrichsmoor
* Erntefest auf dem Pingelhof in Alt Damerow
* Altstadtfest in Schwerin
* Honky-Tonk Kneipenfestival in Schwerin
* Segeltage in Schwerin
* Kürbisfest in Jamel
* Oktoberfest im Neddelrad in Bankow
* Amtserntefest in Banzkow
* Hengstparaden in Redefin

Oktober

* Biosphäre-Schaalseemarkt am Pahlhuus in Zarrentin
* Drachenfest in Dömitz
* Apfeltag im Biosphärenreservat Schaalsee
* Literaturtage in Schwerin
* Laubfeuer im Fackellicht im Dammereezer Park in Dammereez

November

* Biosphäre-Schaalseemarkt am Pahlhuus in Zarrentin
* Martinimarkt in Parchim
* Karpfenfest in Neuhof bei Neustadt-Glewe
* Martinimarkt in Grabow
* Mittelalterlicher Martensmarkt in Schwerin
* Barocker Adventsmarkt in Ludwigslust
* Weihnachtsmarkt auf dem Töpferhof Döscher in Tewswoos
* Weihnachtsmarkt in Schwerin

Dezember

* Adventsmarkt in Parchim
* Weihnachtsmarkt in Schwerin
* Kunstmarkt in Wismar
* Weihnachtsmarkt in Banzkow
* Weihnachtsmarkt in Neustadt-Glewe
* Märchenburg in der Burg Neustadt-Glewe
* Weihnachtsbaumkugelfest in Grabow

Barocker Adventsmarkt in Ludwigslust

Für Buchungen, Informationen und für die Zusendung von Informationsmaterial wenden Sie sich bitte an folgende Touristinformationen:

Tourismusverband Mecklenburg-Schwerin e.V.
Alexandrinenplatz 7 · 19288 Ludwigslust
Telefon: (03874) 666 922
Fax: (03874) 666 920
E-Mail: info@mecklenburg-schwerin.de
Internet: www.mecklenburg-schwerin.de

Stadtinformation Neustadt-Glewe
Burg · 19306 Neustadt-Glewe
Telefon: (038757) 237 84
Fax: (038757) 500 12
E-Mail: info@neustadt-glewe.de
Internet: www.neustadt-glewe.de

Touristinformation Banzkow
Straße des Friedens 5 · 19079 Banzkow
Telefon: (03861) 302 97 72
Fax: (03861) 301 119
E-Mail: info@lewitz-landschaft.de
Internet: www.lewitz-landschaft.de

Stadtinformation Parchim
Blutstraße 5 · 19370 Parchim
Telefon: (03871) 71 550
Fax: (03871) 71 555
E-Mail: stadtinformation@parchim.de
Internet: www.parchim.de

Tourist-Information Schwerin
Am Markt 14 · 19055 Schwerin
Telefon: (0385) 592 52 12
Fax: (0385) 562 739
E-Mail: info@schwerin.com
Internet: www.schwerin.com

Ludwigslust-Information
Schlossstraße 36 · 19288 Ludwigslust
Telefon: (03874) 526 251
Fax: (03874) 526 109
E-Mail: info@stadtludwigslust.de
Internet: www.stadtludwigslust.de

Amt für das Biosphärenreservat Schaalsee PAHLHUUS
Wittenburger Chaussee 13
19246 Zarrentin am Schaalsee
Telefon: (038851) 30 20
Fax: (038851) 30 220
E-Mail: post@afb-schaalsee.mvnet.de
Internet: www.schaalsee.de

Hansestadt Wismar Tourist-Information
Am Markt 11 · 23966 Wismar
Telefon: (03841) 19 433
Fax: (03841) 251 30 91
E-Mail: touristinfo@wismar.de
Internet: www.wismar.de

Kurverwaltung Ostseebad Boltenhagen Tourist-Information
Ostseeallee 4
23946 Ostseebad Boltenhagen
Telefon: (038825) 3600
Fax: (038825) 360 30
E-Mail: ostseebad-boltenhagen@t-online.de
Internet: www.boltenhagen.de

Quellen und Literaturhinweise

1. **AMT BANZKOW:** Die Plater Dorfchronik, mit den Ortsteilen Consrade-Peckatel-Plate. 231 Seiten.

2. **AN ELDE UND LEWITZ (1994):** Aus der Geschichte von Matzlow und Garwitz anlässlich des hundertjährigen Bestehens der Lewitzschleuse. Heimatverein Matzlow-Garwitz e.V. 48 Seiten.

3. **ARNSWALDT, R. von (1938):** Das Naturschutzgebiet „Die Lewitz", in Mecklenburg-Naturschutz Jg. 20: Seite 126-129.

4. **AUGUSTIN, K. (1926):** Geschichte der Stadt Parchim. Zur Siebenhundertjahrfeier der Stadt im Auftrage des Rates. 202 Seiten.

5. **DOUGHTY, H. M. (2001):** Mit Butler und Bootsmann. Ein Bootstörn anno 1890 von Friesland über die mecklenburgischen Seen bis nach Böhmen. Quick Maritim Medien. 255 Seiten.

6. **DAHNKE, W. (1956):** Flora der Lewitz. Pädagogisches Kabinett Parchim, 27 Seiten.

7. **EHRHARDT, G. u. HELMS, T. (1992):** Der Hof Pingel in Alt Damerow. Edition Temmen Bremen. 48 Seiten.

8. **FELLNER, B. (2006):** Faszination Lewitz. Ein Naturparadies in Mecklenburg. 132 Seiten

9. **FROMM, L. u. STRUCK, C. (1866):** Beschreibung des Störbeckens. 1. Die Lewitzniederung. – Archiv für Landeskunde in den Großherzogtümern Mecklenburg. 1866 bis 1867. 16. Jahrgang. 134 Seiten.

10. **GEMEINDE DAMM (2004):** Lothar Kluck – Aus der Geschichte der Parchim'schen Kämmereiorte Damm, Malchow, Neu Matzlow und des Rittergutes Möderitz. 343 Seiten.

11. **GEMEINDE GOLDENSTÄDT (2007):** Chronik der Gemeinde Goldenstädt.

12. **GEMEINDEVERWALTUNG GÖHREN (1998):** Gemeinde Göhren – Geschichte und Geschichten aus drei Randlewitzdörfern. 89 Seiten.

13. **GEMEINDEVERTRETUNG RABEN STEINFELD (2010):** 1410 bis 2010. 600 Jahre Raben Steinfeld, Festschrift. 61 Seiten.

14. **GEMEINDE SUKOW (2002):** Chronik eines Dorfes in Mecklenburg-Vorpommern. 1348 bis 2002.

15. **GEMEINDE SPORNITZ (2000):** Spornitz im Wandel der Zeiten. Aus der 700-jährigen Geschichte des großen Bauerndorfes.

16. **GEMEINDE WÖBBELIN (2007):** Jahreskalender 2008 – Wöbbeliner Impressionen.

17. **HAUSMANN, F. (1957):** Die Lewitz – das größte und wertvollste Naturschutzgebiet der DDR. Land und Leute Nr. 7: Seite 195-198.

18. **HILLER, J., VOIGT, M., WICHMANN, T., LANDESANGLERVERBAND M-V e.V. (2005):** Nach der FFH-Richtlinie geschützte Fischarten und Rundmäuler in Mecklenburg-Vorpommern. 191 Seiten.

19. **JUEG, U. [Hrsg.] (2009):** Flora und Fauna im Landschaftsschutzgebiet „Schlosspark Ludwigslust". Mitteilung der Naturforschenden Gesellschaft Mecklenburg, Sonderheft Nr. 1, 326 Seiten.

20. **KAISER, W. (1960):** Die Lewitz als Vogelschutzgebiet. – Naturschutzarbeit, Heft 5: Seite 31-34.

21. **KAISER, W. (1956):** Vögel der Lewitz. Neue Mecklenburgische Monatshefte I: Seite 172-176.

22. **KRÜGER, R., CORDES, R. (1999):** Spurensuche in Mecklenburg: Innenansichten eines Landes. 214 Seiten.

23. **LINDNER, F. (1904):** Im Brutgebiet der schwarzschwänzigen Limose
und des Schwarzen Storches. – Ornithologisches Jahrbuch 15: Seite 11-24.

24. **MALTZAHN, FRH. T. V. (1930):** Die Lewitz als Naturschutzgebiet.
Bericht über die 51. Hauptversammlung des Vereins Mecklenburgischer Forstwirte in Friedrichsmoor – Juni 1930.
Mecklenburgisches Staatsarchiv. Seite 18-38.

25. **NABU MECKLENBURG-VORPOMMERN (2002):** Die Lewitz – Ein Lebensraum im Wandel der Zeit. 176 Seiten.

26. **N.N. (1997):** INGENIEURBÜRO SCHWERIN. Gutachten zum Europäischen Vogelschutzgebiet „Lewitz". 157 Seiten.

27. **RAT DER GEMEINDE RADUHN (1989):**
Beiträge zur Geschichte des Dorfes Raduhn, mit Rusch und Klinker Mühle. 63 Seiten.

28. **RIBBE, B. (1960):** Die Flora des Naturschutzgebietes „Töpferberg".
Naturschutzarbeit in Mecklenburg – März 1960, Heft 5.

29. **RIBBE, B. (1973):** Die Vegetationsverhältnisse auf der Düne „Hühnerberg" bei Garwitz (Kreis Parchim).
Wissenschaftliche Zeitschrift der Universität Rostock – 22. Jahrgang.
Mathematisch-Naturwissenschaftliche Reihe, Heft 6/7: Seite 763-771.

30. **SCHLÜTER, E. (1938):** Die Lewitz vor 80 Jahren. Heimatbund Mecklenburg: Seite 97-100.

31. **SCHULTZ, K. R. (1960):** Die Lewitz, ihre Entstehung und Entwicklung zu einem intensiven Wirtschaftsgebiet.
Rat des Bezirkes Schwerin. 150 Seiten.

32. **STADT CRIVITZ (2001):** Chronik der Stadt Crivitz.

33. **UMWELTMINISTERIUM MECKLENBURG-VORPOMMERN (2003):**
Die Naturschutzgebiete in Mecklenburg-Vorpommern. 713 Seiten.

34. **VOß, A.:** Mien Dörp, dat is mien Heimat. Verlag „ Koch & Raum" Wismar. 95 Seiten.

35. **WEIGOLD, H. (1921):** „Rettet die Lewitz". Staats- und Universitätsbibliothek Göttingen.
Zeitschrift für Vogelschutz und andere Gebiete des Naturschutzes, 2, 1: Seite 17-20.

36. **WIESE, R., MÖLLER, P. (2009):** Dorfkirchen der Lewitz. 72 Seiten.

37. **WULF, J., RAT DER GEMEINDE KLINKEN (1980):**
Jürgen Wulf – Beiträge zur Chronik eines mecklenburgischen Dorfes 1230-1980. 71 Seiten.

38. **ZIMMERMANN, R. (1909):** Ornithologische Wandertage in der Lewitz. – Zoologischer Garten 50:
Seite 142-149, 167-175.

39. **ZIMMERMANN, H., SCHIEWECK, G. (1988):**
Veränderungen des Brutbestandes einiger Wasservogelarten im NSG „Lewitz-Fischteiche".
Ornithologischer Rundbrief für Mecklenburg-Vorpommern: 31, Seite 11-24.

40. **ZIMMERMANN, H. (1992):** Brut und Durchzug von Limikolen in der Lewitz.
Ornithologischer Rundbrief für Mecklenburg-Vorpommern: 34, Seite 35-49.

41. **ZUCHTVEREIN LEWITZSCHECKEN (1997):** 1971 bis 1996 – 25 Jahre Lewitzscheckenzucht. 32 Seiten.

Danksagung

Allen, die zum Gelingen dieses Buches beigetragen haben, sei an dieser Stelle herzlich gedankt. Vor allem danke ich dem Ministerium für Landwirtschaft, Umwelt und Verbraucherschutz des Landes Mecklenburg-Vorpommern, den Lewitzgemeinden, den Landkreisen Parchim und Ludwigslust, der Naturforschenden Gesellschaft Mecklenburg e.V., dem SPD-Landtagsabgeordneten Detlev Müller, Herrn Hans-Jürgen Zimmermann aus Ludwigslust sowie den Förderern und Anzeigennehmern für das mir entgegengebrachte Vertrauen und für die finanzielle Unterstützung.
Weiterhin bedanke ich mich bei Heinrich und Doris Furkert/Godern, Maria Weding/Schwerin, Gerhard Franz/Neu Kaliß und Stefanie Knippenberg/Schwerin, die mich auf die eine oder andere Weise motivierten oder sehr praktisch unterstützten.
Sehr dankbar bin ich auch Elke, die mir Kraft und Motivation geschenkt hat.
Auch möchte ich Dr. Frank Schubert/Sternberg herzlich danken, mit dessen 500 mm Teleobjektiv ich so manches Foto machen konnte.
Ebenso danke ich dem Staatlichen Amt für Landwirtschaft und Umwelt Schwerin, Herrn Hermann Stahl und den Fischern vom Lewitz-Fisch sowie den Schutzgebietsbetreuern Dr. Horst Zimmermann und Günther Schieweck.
Nicht vergessen möchte ich Herrn Thomas Leppin von der Druckerei A. C. Froh aus Plau, dem ich ebenfalls danken möchte.
Für die Bereitstellung einiger Fotos, diverser Chroniken, Publikationen und für die Nutzung des Kartenmaterials bedanke ich mich bei folgenden Privatpersonen, öffentlichen und privaten Einrichtungen: Karl-Georg Haustein, Herbert Weisrock, Gerhard Düker, Werner Schack, Gerald Keck, Ikarus Flugdienst Holger Heesch, Familie Brezmann, Mario Gurtler, Tourismusverband Mecklenburg-Schwerin e.V., Ing.-Büro für Kartografie Peter Kast, Landesforstamt Friedrichsmoor, Heimatstube in Matzlow-Garwitz, Störtal e.V., Pingelhof in Alt Damerow sowie dem Landeshauptarchiv Schwerin.
Schließlich bedanke ich mich auch bei Annett Maschke, Ronald Lauck, Thea Friedemann sowie Dani Kern für die Mitarbeit am Manuskript.

Die Realisierung des Lewitzbuches wurde mit Mitteln folgender Institutionen ermöglicht:

Europäische Fonds EFRE, ESF und ELER in Mecklenburg-Vorpommern

Landkreis Ludwigslust
Raum für Zukunft

WEMACOM Telekommunikation GmbH

Landkreis Parchim

BÜNDNIS 90 DIE GRÜNEN

TOURISMUSVERBAND MECKLENBURG-SCHWERIN e.V.

Titelfoto:
Tanzende Silberreiher

Rücktitelfoto:
Junger Seeadler auf
einer abgestorbenen Schwarzerle

Kontakt zum Autor:
Ralf Ottmann
Friedrichsmoorsche Allee 1
19306 Neustadt-Glewe/OT Tuckhude-Lewitz
Telefon: 038757 23800
Mobil: 0157 71941843
E-Mail: fuehrungen-lewitzranger@web.de
Internet: www.lewitz-rangertour.de

Kontakt zur NGM:
Naturforschende Gesellschaft Mecklenburg e.V. (NGM)
Natureum am Schloss Ludwigslust
Schlossfreiheit 4 · 19288 Ludwigslust
Telefon: 03874 417 889
E-Mail: uwejueg@googlemail.com
Internet: www.naturforschung.info

1. Auflage 2011

Herausgeber:
Ralf Ottmann
& Naturforschende Gesellschaft Mecklenburg e.V.

Karten: Peter Kast, Ing.-Büro für Kartografie, Wismar

Fotos: wenn nicht anders gekennzeichnet
© Ralf Ottmann

Layout:
Maria Weding
0173 619 33 80
maria@grafikjungs.de

Druck:
Druckerei Hahn GmbH
Steinbecker Weg 1c
18107 Rostock-Elmenhorst
Deutschland

Telefon: +49 381 77801-0
Telefax: +49 381 7954224
kontakt@druckerei-hahn.de

ISBN 978-3-00-034947-8